L. DE BEAUMONT

LES
CURIOSITÉS
DE LA
SCIENCE

Avec 16 gravures sur bois, tirées hors texte

Préface par Camille FLAMMARION

PARIS
Auguste CLAVEL, Editeur
LIBRAIRIE DES *SOIREES LITTÉRAIRES*
32, Rue de Paradis, 32

LETTRE-PRÉFACE

—

A Monsieur L. DE BEAUMONT,
(*L'Académicien d'Etampes.*)

MON CHER ACADÉMICIEN,

UI, vous avez mille fois raison, les spectacles de la Nature sont merveilleux, et la science moderne est le plus grand des poëmes.

Que ceux qui ne voient que l'écorce ne sentent pas la vie circuler dans l'arbre ; qu'ils s'agitent sur la Terre, sans se douter des beautés qui les environnent ; qu'ils regardent le ciel sans le comprendre, et qu'ils ajoutent leurs jours à leurs jours, les années aux années, sans apprendre même sur quoi ils marchent ni quel lieu ils habitent dans l'Univers ; que le vulgaire aveugle et banal prétende que nos imaginations errent dans le rêve, et que des savants glacés nous jettent la pierre parceque nous voyons ce qu'ils ne voient pas et entendons ce qu'ils n'entendent pas : continuons d'admirer, continuons de sentir, continuons de chanter.

Oui, chantons ce poëme sans rival, qui domine du haut de son zénith d'azur les *Iliades* et les *Odyssées*, les *Divine Comédie*, les *Paradis perdu*, les *Jérusalem délivrée*, les *Faust* et toutes les œuvres de la littérature humaine ; laissons-nous emporter dans le fourmillement céleste des voies lactées, glisser sur l'aile des comètes aventureuses, dormir dans l'ondoiement des anneaux de Saturne, ou palpiter dans la lumière multicolore des étoiles doubles bercées au fond des cieux ; ou bien pénétrons à travers les couches géologiques de notre planète, remontons aux âges primordiaux de l'origine des mondes, descendons l'avenir jusqu'aux dernières convulsions de l'agonie humaine, assistons aux effondrements des mondes en ruine, aux résurrections des nébuleuses incandescentes ; ou encore, dans l'ombre solitaire des bois, écoutons simplement courir la brise, gazouiller le ruisseau, frémir le feuillage, chanter l'oiseau amoureux, bruire l'insecte qui se cache dans la mousse ou s'envole sur la fleur entr'ouverte : ce sont, dans l'infiniment petit comme dans l'infiniment grand, les *confidences* de la Nature que nous recevons ; ce sont des heures délicieuses passées en communication avec la Vérité éternelle ; ce sont là des joies intimes que nous apprécions d'autant mieux que nous avons goûté davantage au fruit toujours nouveau et toujours mûr de l'arbre de la Science.

Laissez-moi donc, mon cher Académicien, vous féliciter de présenter les *Curiosités de la Science* sous cette forme vivante et charmante qui a déjà fait le succès de vos articles scientifiques, et vous approuver de réunir ces études, si intéressantes et si variées, en un volume qui nous permette de les conserver à la meilleure place de nos bibliothèques.

Vous avez l'art de choisir, dans le trésor toujours grandissant des connaissances humaines, les bijoux les plus précieux et les perles les plus pures, et votre écrin littéraire fait aimer la Science autant qu'il la fait admirer.

Si l'élégant conteur de la sultane Schéhérazade ressuscitait de nos jours, ce ne sont plus des fantasmagories orientales qu'il décrirait ; ce serait le tableau de toutes les merveilles du dix-neuvième siècle qu'il voudrait peindre aujourd'hui pour éblouir le monde dans le nouveau panorama des *Mille et une Nuits de la Science.*

Je ne vous souhaite pas le succès : on ne forme pas des vœux pour obtenir le passage d'une étoile au méridien ; c'est écrit d'avance au ciel.

Le seul désir que nous puissions exprimer, c'est de voir bientôt ce premier volume suivi d'un second.

Excelsior !

CAMILLE FLAMMARION.

TABLE

Les sentinelles veillaient, décidées à réprimer à coups de becs
toute velléité de révolte ou d'évasion

CURIOSITÉS DE LA SCIENCE

I

LA JUSTICE CRIMINELLE

CHEZ LES OISEAUX

J'AI soumis le cas à trois propriétaires, hommes de savoir et d'expérience. Je leur ai dit :

— Si, rentrant chez vous un beau jour, vous trouviez installé dans vos lares, à votre foyer, sur vos matelas, le couple gênant de deux étrangers, nobles ou manants, et que les intrus ne voulussent pas céder la place, que feriez-vous?

Le premier, jurisconsulte, m'a répondu huissiers, sommations, commissaires, gendarmes, tout le tremblement. Le second, militaire, a montré ses pistolets, — vingt-cinq millions de cartouches! Le troisième, ecclésiastique, a déclaré dans sa mansuétude qu'il épuiserait d'abord toutes les formules de la persuasion, et qu'après, dame, il irait coucher ailleurs.

Aucune de ces solutions ne me satisfait. Lenteurs d'un côté, carnage de l'autre ; inutile abandon de vos droits dans la dernière. Combien je préfère la législation des oiseaux! Et qu'elle est expéditive en même temps que terrible, la justice de ce joli petit monde ailé! La taille ne fait rien au droit. Ecoutez faiseurs de codes. C'est une histoire d'hier, la plus extraordinaire du monde, et que je vais vous dire simplement, telle qu'ont pu l'apprendre les vingt témoins du drame aérien que voici :

Sous mon toit, entre les deux fenêtres d'un logis souvent vide, il y a un nid. Les architectes qui le bâtirent ont admirablement choisi l'endroit : tranquille et sûr. A moins de risquer une chute terrible, personne n'oserait tenter de déloger les hôtes que chaque printemps y ramène, — heureux époux, charmants frileux qui s'en vont passer l'hiver à Bénarès, comme nous allons à Monaco, qui ont là-bas leur maison d'été, ici leur chambrette de noces, et reviennent toujours aux lieux qui les virent naître !

Ce nid est vaste, solide, bien plaqué sous la poutrelle où foisonnent les araignées, à l'angle du mur propre et blanc. Au bout de cette coupe d'argile fine, on voit voltiger le duvet dont elle est ouatée. A portée du bec, il y a la gargouille pour se désaltérer et prendre des bains. Tout auprès, un réduit où s'entassent les brins de paille, les crins, de menus chiffons — riche réserve en cas de réparations locatives. Lorsque la brise incline vers ce palais l'ombre mouvante du marronnier voisin, lorsque le soleil fait éclater la blancheur des corniches et que, dans les branches, un orchestre d'oisillons célèbre le lever de l'aurore, vrai, cette demeure fait envie !

Tel fut l'avis de certain pierrot, méchant rôdeur de gouttières, pillard de vergers et de treilles, qu'un clair matin d'avril vit installé là comme chez lui. D'assourdissantes piailleries m'appellent au balcon, et que vois-je ? la tête brune du petit bohémien fourrageant à grandes becquées. La porte s'élargit sous ses coups. Il entre. Encore quelques efforts et son corps disparaît dans le nid volé. Quelle douce sieste il y dut faire, au sein de ce paradis, parmi les plumes et les flocons de laines recueillis aux quatre coins de la grande ville ! Le vagabond avait pignon sur rue. Il demeurait entre cour et jardin, le fainéant ! Il possédait un chez soi, le déclassé ! Comme le Mercadet de Balzac, il pouvait dire aux trente ménages parisiens grouillant au dessous, dont quelques-uns — hélas ! ne payaient que fort mal leurs termes : « Regardez : je suis propriétaire, MOI ! »

Ce fut bien pis, lorsqu'un après-midi les locataires, mes voisins, virent arriver deux moineaux au lieu d'un. Mon gaillard avait raccroché je ne sais où, la plus dépeignée des pierrettes et lui offrait la moitié de son domicile d'emprunt. — Croyez-vous que l'effrontée fût heureuse ? C'est à peine si d'un regard elle daigna mesurer la profondeur du nid. Le galant, tout fier, semblait lui dire : « Mais vois donc ! admire donc cette chambrette que je te donne ! Est-elle assez fraîche, assez moelleuse ! » — Peuh ! pas mal, avait-elle l'air de répondre, du bout de son bec encore ourlé des bourrelets jaunes de l'enfance ; et le mâle entrait le premier, ressortait vite en battant des ailes, l'invitait même par de petits cris, tandis que la coquette restait sur le bord, toute drôle, comme une niaise qui voudrait bien être déniaisée, mais qui n'ose...

Au grand scandale de ceux qui fumaient leur pipe aux croisées, en prenant le frais, et de celles qui soignaient leurs géraniums, le couple bavard se décide enfin.

Pauvres hirondelles, si vous saviez ! Voilà maintenant votre chaste logis au pouvoir d'un luron sans vergogne, et d'une coquine aux pattes crottées, mangée de puces, qui vole à peine, et qui déjà s'avise de courir le guilledou, comme une créature de rien du tout !

Mais le ciel est juste.

Cette aventure durait depuis huit grands jours ; la pierrette allait être mère ; et le moineau, plus empressé que jamais, passait de longues heures à ses côtés, lorsqu'un *tolle* joyeux retentit dans la cour : « Les hirondelles ! voilà les hirondelles ! » Toute la maisonnée est en émoi. Vingt têtes curieuses se montrent du grenier au rez-de-chaussée. On applaudit à l'envi les gentilles voyageuses, couvertes encore de la poussière des longues traversées ; on ne sait pas ce qui va se passer, mais on a confiance, on espère que l'outrage sera vengé, que les intrus seront chassés. On attend ; c'est une fête !

Je vous demande pardon si je parais, dans ce qui va suivre, prêter à des oiseaux des sentiments humains. Croyez que l'imagination n'y est pour rien. J'ai vu et je raconte, sans prétention au roman. Comment, du reste, ne pas interpréter ainsi que je le fais l'acte essentiellement logique et raisonné de ces justiciers ailés ? Ce n'est pas seulement l'instinct qui l'inspira, mais une haute et merveilleuse intelligence. Le monde animal, auquel nous accordons tout juste une lueur de personnalité, qui n'a pas de langue, ni de pensée, ni d'âme, pense, sent et parle. Il est singulièrement parallèle au nôtre. On y rencontre le dévouement, la charité, l'abnégation, la coopération fraternelle, une admirable équité, toutes les vertus réclamées comme monopole par l'orgueil de notre race. Faut-il croire, avec Michelet, à l'universalité de l'âme ? J'aborderai quelque jour ce sujet brûlant. Pour aujourd'hui, je me borne au récit tout simple, tout sincère, tout nu.

Les hirondelles, donc, reprenaient haleine ; sur les moindres saillies où leurs petits corps essoufflés pouvaient se poser, on les voyait alignées en brochettes. De temps en temps, l'une d'elles faisait sa ronde, puis revenait au groupe. Le ménage de pierrots, muet d'effroi, honteux et se sentant coupable, se faisait tout petit dans sa retraite. Peut-être n'osait-il pas se montrer au jour, devant tout ce monde d'hirondelles et de curieux qui remplissait la cour de commentaires et de caquets !

Après une reconnaissance bien faite, les légitimes possesseurs du nid violé furent au courant de toute l'histoire. À plusieurs reprises, des mâles se présentèrent à l'huis, jetèrent un coup d'œil rapide sur le couple usurpateur, et rejoignirent leurs compagnes. Alors nous assistâmes à un véritable meeting d'oiseaux. Tous parlaient à la fois. Ce n'était pas les cris joyeux de tout à l'heure, mais des piiou ! piî ! courroucés, farouches. Démosthènes, avant les cailloux, ne devait pas pérorer autrement.

Après dix minutes de ce conciliabule, où sans doute

d'éloquents orateurs se révélèrent, le silence se fit, terrible. Un grave parti était pris. Quatre hirondelles, les plus robustes du clan, s'allèrent poster au bord du nid, et, sur un signal bien compris, toutes les autres disparurent à tire d'ailes.

Les moineaux, plus penauds que jamais, ne bougèrent pas. D'ailleurs, les sentinelles veillaient, décidées à réprimer à coups de becs toute velléité de révolte ou d'évasion.

Dans la cour pas un mot. Vous eussiez, dit Rabelais, « entendu voler une mouche. »

Bientôt la maison s'emplit de cris et de gazouillements, plus de deux cents hirondelles, appelées au secours, recrutées dans les jardins, dans les promenades, partout, accouraient le bec chargé, qui d'une motelette de glaise, fraîche, qui d'un gravier, qui d'une feuille, qui d'un fétu. Et pendant que les quatre gardiens s'effaçaient, découvrant la porte du nid, cette petite armée, étonnante de sang-froid, miraculeuse de discipline et de méthode, entassait à vue d'œil les matériaux, murait le couple, l'enterrait vivant sous des murailles vengeresses !

Je n'exagère rien. Il fallut à ces hirondelles dix bonnes minutes de courageuse besogne. On entendait bien, dans le doux nid d'amour changé en sépulture, des protestations forcenées, des sanglots, des plaintes, des appels à la pitié ! Mais les juges restaient sourds. — les bourreaux n'ont point d'entrailles ! Déjà les bords du nid se soudaient, solides, à la muraille ; l'édifice était achevé. Et quand tout fut muet, quand les malheureux pierrots, asphyxiés dans la chambre des fiançailles, furent morts enlacés dans un suprême embrassement, les hirondelles, triomphantes, semblèrent leur adresser ce discours :

— Vous avez usurpé nos droits ; vous avez profané le berceau de nos enfants ! Jouissez donc de votre conquête, et dans cette Capoue étrangère, mourez de plaisir ! vous l'avez voulu !

II

LES DERNIERS JOURS DE LA TERRE

Vous rappelez-vous cette belle légende arabe du voyageur éternel, qui, tous les mille ans, repasse par le même chemin ?

« Visitant un jour une ville très-ancienne et prodigieusement peuplée, raconte Kidz, le personnage fantastique, je demandai à l'un de ses habitants depuis combien de temps elle était fondée.

» — C'est vraiment, me répondit-il, une cité puissante, mais nous ne savons depuis quand elle existe, et nos ancêtres à ce sujet étaient aussi ignorants que nous.

» Dix siècles après, je revins aux mêmes lieux et ne pus apercevoir aucun vestige de la ville. Un paysan cueillait des herbes sur son emplacement. Je lui demandai depuis combien de temps elle avait été détruite.

» — En vérité, dit-il, voilà une étrange question. Ce terrain n'a jamais été autre chose que ce qu'il est à présent.

» A mon retour, mille ans plus tard, je trouvai ce même endroit occupé par la mer. Sur le rivage se tenait un groupe de pêcheurs à qui je demandai depuis quand la terre avait été couverte par les eaux.

» — Est-ce là, me dirent-ils, une question à faire par un homme tel que vous ? Ce lieu a toujours été ce qu'il est aujourd'hui.

» Au bout de mille autres années, j'y retournai encore et la mer avait disparu. Je m'informai auprès d'un pâtre qui gardait ses troupeaux sur les flancs d'une haute montagne, et il me fit la même réponse que j'avais eue précédemment.

» Enfin, après un égal laps de temps, je retournai une dernière fois dans ces parages. Une cité florissante, plus peuplée, et plus riche en monuments que celle que j'avais déjà visitée, s'étendait à perte de vue. Lorsque je voulus me renseigner sur son origine, les habitants me répondirent :

» — La date de sa fondation se perd dans l'antiquité, nous ignorons depuis quand elle existe, et nos pères n'en savaient pas plus que nous.

» Et après mille ans encore, ajoute Kidz, je repasserai par le même chemin... »

Là s'arrête le conteur du treizième siècle. Sans doute, il ne prévoyait pas la crise finale où la nature et l'humanité s'immobiliseront dans la mort. Au bout de ces transformations, de ce perpétuel recommencement des choses, il ne pressentait pas l'extinction totale de la lumière et de la vie. Telle quelle est, pourtant, cette allégorie est saisissante. Elle nous démontre notre petitesse ; elle définit à merveille l'illusion qui nous fait envisager comme immuable le monde au milieu duquel nous vivons, et nous apprend que l'histoire tout entière de l'humanité ne compte pas plus dans l'infini que celle du misérable insecte qu'un jour d'été voit naître, aimer, se reproduire et mourir.

Plus heureux que Kidz, je peux terminer ce grand voyage à travers les ans. Lui se bornait à noter les changements réalisés sur un point du globe ; je vais les embrasser dans leur ensemble, et d'un seul coup. Sans effort prophétique, sans invocations de cabale ni de magie, je veux, lecteurs, vous faire assister aux convulsions suprêmes de notre Terre, et décrire en quelque sorte *de visu*, l'effrayante minute qui marquera son anéantissement. — De même, grâce à la science, l'astronome détermine le moment précis où deux astres se rencontreront, l'heure et la seconde où, dans cent ans, telle éclipse de lune ou de soleil épouvantera les campagnes.

* *

... Notre planète est donc refroidie.

La chaleur centrale, faible et tiède déjà, ne parvient plus à la surface de l'écorce graduellement épaissie. D'incessantes infiltrations ont appauvri les mers. L'eau se retire devant la rive ; les fonds océaniens s'élèvent ; les îles se rattachent aux continents ; les méditerranées disparaissent.

Chassés des régions septentrionales par le lent accroissement des glaces polaires, les peuples émigrent vers le Sud, où jusqu'aux derniers jours, vont se manifester les prodiges d'une civilisation agonisante.

Déjà la Russie, le Nord-Amérique, le Japon, le Thibet, l'Europe et la France — d'une part — n'existent plus qu'à l'état de souvenir, dans les vieilles chroniques, péniblement déchiffrées par un Champollion de ces temps-là. D'autre part le Sud-Amérique, la Nouvelle-Hollande et quelques autres terres australes, envahies par les glaces, sont mortes pour l'homme. L'Équateur seul est habitable. L'Afrique centrale, les Indes, les contrées voisines du grand canal interocéanique se couvrent de villes prodigieusement peuplées et les races aborigènes, mêlées aux débris des familles que le froid du Nord a poussées jusque-là, se confondent avec celles-ci dans une race unique et nouvelle, dont nul anthropologiste actuel ne saurait déterminer l'angle facial.

Alors se produisent d'étranges découvertes, des inventions inouïes, auprès desquelles les nôtres ne sont que de grossières ébauches. Placé dans un monde tout neuf, qui amasse pour lui depuis des milliers de siècles d'inestimables trésors, l'homme civilisé du Sahara, du Nil bleu, du fleuve des Amazones et des pampas ouvre enfin ses yeux étonnés sur les merveilles qui l'environnent ; il frappe le sol, et des miracles se réalisent. Une chimie, une mécanique, une dynamique nouvelles, sortent tout armées de son cerveau. L'air, la terre et ses entrailles, la mer avec ses continents nouveaux, tous les éléments deviennent, entre les mains de cet homme perfectionné, des instruments dociles, qu'il dompte, assouplit et transforme au gré de sa fantaisie.

*

Et pendant ce temps-là, le Soleil, cœur du monde, astre pondérateur des mouvements de notre système, va pâlissant et se refroidissant par degrés...

Écoutons ici M. Faye, l'éminent astronome :

« Ce cœur refroidi, c'est la mort. Quand le flambeau se sera éteint, la vie animale et végétale, qui auront depuis longtemps commencé à se resserrer vers l'Équateur, disparaîtront entièrement de notre globe.

» Réduit aux faibles radiations stellaires, il sera envahi par le froid et les ténèbres de l'espace ; les mouvements continuels de l'atmosphère feront place à un calme complet ; les derniers nuages auront répandu sur la terre les dernières pluies ; les ruisseaux, les rivières et les fleuves cesseront de ramener à la mer les eaux que la radiation solaire leur enlevait nécessairement. La mer elle-même, entièrement gelée, cessera d'obéir aux fluctuations des marées. La terre n'aura plus d'autre lumière propre que celle des étoiles filantes, qui continueront à pénétrer dans l'atmosphère et à s'y enflammer. Peut-être les alternatives qu'on observe dans les étoiles au commencement de leur phase d'extinction se produiront-elles dans le soleil, peut-être le développement de chaleur, dû à quelque cataclysme de la masse solaire, rendra-t-il un instant à cet astre sa splendeur primitive, mais il ne tardera pas à s'affaiblir et à s'éteindre une dernière fois, comme les étoiles fameuses du Cygne, du Serpentaire et de la Couronne.

» Quant au reste de notre petit monde, planètes et comètes partageront le sort de la Terre, tout en continuant à circuler suivant les mêmes lois autour du Soleil éteint ! »

Mais avant cette effroyable fin qu'arrivera-t-il ? Quelles seront, au milieu de cette décrépitude universelle, les destinées de la grande famille humaine ?

Imaginons la dernière année de la terre expirante.

Les deux calottes glacées des pôles s'avancent peu à peu l'une vers l'autre. A l'Équateur, un cercle de terres encore habitées et de mers encore libres entoure le globe, dont les dix-neuf vingtièmes, sont morts déjà. Là, dans cette étroite couronne, la vie semble concentrée comme les derniers rayons d'une lampe près de s'éteindre. Les hommes et les langages sont confondus.

Les grandes espèces animales, chassées elles aussi par le froid, se mêlent aux survivants de notre race. Une promiscuité touchante unit toutes les créatures ; un seul sentiment subsiste : la fièvre de la conservation. On voit des grappes d'êtres tordus, enlacés pour chercher dans les flancs l'un de l'autre un vestige de chaleur. Les serpents n'ont plus de venin ; les lions et les tigres, plus de griffes redoutées. Les fauves fraternisent avec nous. Tout veut vivre et vivre encore, vivre jusqu'au dernier jour !

« Enfin, ce jour viendra. Les rayons d'un pâle soleil éclaireront un lugubre spectacle : les cadavres glacés de la dernière famille humaine morte de froid et d'asphyxie sur le rivage de la dernière mer desséchée !... »

« Après cette mort terrible, apparaîtra l'aurore d'une humanité nouvelle. Lorsque la vie aura disparu de la surface des planètes, cette même cause qui l'aura rendue impossible sur ces astres glacés la rendra possible sur le soleil refroidi.

« Alors, il passera par les diverses phases géologiques que les autres corps de notre système ont traversées. Une création organique viendra animer sa surface et sa planète nouvelle, il emportera lui aussi une humanité autour de ce cercle inconnu d'attraction qui l'entraîne présentement vers la constellation d'Hercule. Ce lointain soleil s'éteindra à son tour !...»

Chaîne mystérieuse et infinie !

III

LA PESTE D'ASTRAKAN

—————

Au commencement de l'année 1879, une terrible nouvelle épouvantait l'Europe, la peste visitait Astrakan, tuant les hommes par centaines. Rien ne saurait rendre plus fidèlement l'horreur de ce fléau que la lettre suivante écrite par mon ami Eugraphe Pontiakine, de la maison Nitchevonieff et Cie, d'Astrakan :

Astrakan, ce 28 janvier (style russe) 1879.

Lorsque ces lignes vous parviendront, notre malheureuse cité, dépeuplée à demi par le plus épouvantable des fléaux sera peut être une vaste et silencieuse nécropôle. La Mort est ici chez elle. On la touche, on la respire, on la boit. A table, sur le port, au magasin, dans la rue, partout elle frappe à coups redoublés. Et quelle horrible mort ! Jamais, dussé-je vivre mille ans, le spectacle des atroces agonies dont je suis le témoin ne s'effacera de mon souvenir.

Un ami vous rencontre. Il essaie de calmer vos angoisses ; sa voix bien connue fait entendre de fermes et courageuses paroles. « Allons, dit-il, soyons forts ! L'énergie morale est déjà le préservatif le plus efficace contre les atteintes du mal. Notre constitution robuste et saine, notre sobriété exemplaire, les soins d'une propreté minutieuse, autant de boucliers sur lesquels la contagion émoussera ses traits venimeux. Et la Providence fera le reste ».

Tout à coup, vous le voyez blêmir. Un rauquement sinistre remplace les sons aimés. Ses yeux injectés, stupides, ses gestes incohérents, les bouffées de chaleur, qui empourprent de plaques sanglantes ses traits altérés... c'est la peste ! Je veux soutenir ce pauvre corps... Malheureux ! qu'allais-je faire ! Inutile dévouement, qui eût versé dans mes veines le poison fatal, et couché deux cadavres sur la neige ! Égoïste, je m'éloigne, le cœur serré. — Au secours ! je meurs !..., oh !... — J'entends encore cette voix déchirante dans la rue pleine d'échos. Et quand, à vingt pas, je me retourne, une tête boursouflée, hideuse, des mains noires, un filet de sang sur la blancheur du sol, voilà ce qui reste de mon ami !...

Ce matin, j'ai visité en traîneau les faubourgs de Karan et de Tartarie, qui sont, vous le savez, les plus peuplés et les plus commerçants de la ville. Un moment, j'ai cru que je serais obligé de faire seul, à pied, cette lugubre promenade parmi les mourants et les morts. — Mon moujick refusait de conduire. — Non, père, je n'irai pas : la peste a enlevé là-bas deux de mes parents ; une famille de pêcheurs turcomans, huit personnes foudroyées cette nuit dans leur maison ; l'éparque arménien fait prier jour et nuit dans son église ; le temple indou du fond de la rue est plein de cadavres. Le chef de la police, revolver au poing, défend d'entrer et de sortir. Non je n'irai pas ! Le démon m'emporterait !

Pour rassurer mon pauvre domestique, j'ai mis dans sa main quarante kopecks, une belle médaille neuve de Saint-Serge, et, lui montrant une large bouteille d'acide phénique qui est, depuis le commencement de l'épidémie, ma compagne fidèle : « Vois-tu, lui ai-je dit, ceci est de l'eau exorcisée ; la peste n'a aucune prise sur ceux qui l'ont touchée une fois. Ouvre tes mains ! »

Il a fait religieusement son ablution ; pour lui donner du courage, j'ai mouillé ma figure et mes doigts. — Et maintenant, en route !

Malheureux ! me cria-t-il, quittez ce quartier mortel, fuyez cette ville désolée !

Nous sommes partis comme le vent. En sortant de la ville Blanche nous distinguons le drapeau funèbre, pareil à une tache mouvante, sur les toitures neigeuses du Kreml, la vieille forteresse. Plus de soldats. Les troupes sont campées à quatre verstes, sur les bords de la mer Caspienne. Deux fois par jour, officiers et soldats se trempent dans l'eau glaciale, afin de prévenir l'absorption des miasmes mortels. Les médecins militaires, emmitouflés dans leurs pelisses, la bouche protégée par un baillon de drap phéniqué, sur-veillent les escouades grelottantes de ces malheureux, prêts à rappeler le sang aux membres qui feraient mine de geler.

Nous dépassons Belsigorod, et ses vastes magasins, où les barils de caviar s'entassent par milliers. Les ateliers sont vides, les métiers à tisser muets ; un radieux soleil fait res-plendir les coupoles dorées des églises, les faïences vernies des minarets et des mosquées indiennes, tartares ou musul-manes. Dans les larges rues, jadis pleines de bruit, bariolées de costumes, sillonnées de drojkis et de troïkas aux clo-chettes retentissantes, quelques rares passants qui s'évitent d'un air soupçonneux. Devant le bazar, mon attelage se ca-bre ; le moujik fait un grand signe de croix. Trois cadavres sont étendus sur le seuil, tuméfiés, méconnaissables, la peau marbrée de taches charbonneuses. Horrible caractère de la peste, l'hémorraghie interne à laquelle ces malheureux ont succombé, continue encore après la mort ! Un sang noirâtre suinte par les narines, la bouche, les oreilles et les crevasses de l'épiderme distendu...

Nous passons. Au détour de la rue de Sibérie, j'entends des cris, un murmure d'horreur, un cliquetis de sabres. Trois civières sortent d'une maison de bois, portées par des cosaques de la 13ᵉ sotnia du Caucase. Sur l'une, un vieillard et deux jeunes filles aux vêtements sordides ; morts. Une mère, le sein nu, son enfant crispé sur sa poitrine livide, étendus tout roides dans la seconde ; morts ! Les cheveux dé-noués de la femme traînent jusqu'à terre, ramassent la neige s'accrochent aux éperons d'un cosaque. Un lourd colosse de trente ans, tordu par une convulsion suprême, les deux mains en avant comme pour repousser quelque fantôme ou demander grâce, fait crier les ais de la troisième. Mort !...

Mon moujick, plus pâle que la neige, laisse échapper ses guides. Les chevaux piaffent, renâclent bruyamment et s'emportent. — Allons, Ivan, du courage ! — Ah ! père, je n'ai plus la force de fermer les doigts. Je tremble comme au jour du Jugement dernier ! — Tiens, mon brave, bois ceci !

Je lui tends ma gourde de rhum. Il baisse longuement le goulot. C'est la vie ! — Hop ! là ! Et d'un poignet vigoureux le fouet bien lancé siffle sur les croupes fumantes. Le traîneau reprend son allure jusqu'aux portes du faubourg de Karan où nous entrons enfin, malgré le poste de police, qui crie derrière nous : Arrêtez ! arrêtez !

Je renonce à décrire le spectacle qui m'attendait-là. Des cadavres, encore des cadavres ! Au milieu d'une place, des monceaux de vêtements de pestiférés, qu'on brûle. Une fumée suffocante remplit les airs. Dans les maisons, des soldats masqués d'une cagoule en fourrure promènent des torches sur les meubles, les couchettes, les provisions. Les vingt églises du quartier regorgent de fidèles, qui se prosternent, baisent le sol, lèvent aux voûtes des bras suppliants, implorent les saints.

De temps en temps, la foule s'écarte. C'est un mort qu'on emporte. Toutes les boutiques sont fermées à triple volet. Au pied d'un temple tartare, douze corps entassés, nus, dans des postures qui glacent d'effroi. Les haillons de ces malheureux ont été volés pendant la nuit ? L'évêque d'Arménie, l'archevêque grec d'Astrakan et Ienotaïevsk, les popes et les religieux de tous les rites, prodiguent à cette population affolée les consolations suprêmes. Admirable abnégation de ces hommes de Dieu, qui sans trêve, la nuit, le jour, respirent la mort et promettent la vie ! Sublimes aussi, les médecins civils, les chirurgiens de la marine et de l'armée qui de tous les points de l'Empire, sont accourus à ce champ de désolation, qui est pour eux le champ d'honneur. Quinze ont déjà succombé. Imitant l'exemple héroïque de Clot Bey et de Desgenettes, trois d'entre eux, pour rassurer leurs collè-

gues, ont essayé de s'inoculer le virus pestilentiel..
Ils vivent encore, mais seront-ils de ce monde demain ?

**

Pendant que le moujick se réchauffe et boit du thé dans le
bureau du maître de la poste, je vais rendre visite au com-
mandant des hussards du Volga. La maison est close.

— Ah ? Excellence, me répond une vieille servante, notre
bon monsieur est mort il y a trois jours !

— Et sa femme, et ses enfants ?

— Partis, Excellence, sur le bateau de Nijni-Novogorod;
plus personne ! Seule à la maison, hélas ! Jésus, mon Dieu !

A deux pas de là, je rencontre le major Wassilief.

— Malheureux ! me crie-t-il, fuyez ce quartier mortel !
Quinze cents victimes en huit jours !... Hier, notre pauvre
ami Sorokoff; ce matin Pojalski, il y a deux heures, Nicolas
Basileff, morts sous mes yeux... Remontez en traîneau,
vite ! La peste est plus rapide que les meilleurs chevaux !

— Je ne crains pas la peste; mon courage et mon acide
phénique, voilà deux palladiums énergiques, contre lesquels
se brisera la terrible contagion.

— Allons donc ! la médecine est impuissante. Je vous répète que la mort est aveugle; elle frappe aussi bien les vaillants que les faibles. Fuyez ! — Mais vous ? — Moi, je suis
à mon poste. Si je meurs, j'aurai du moins mis tout en œuvre
pour arracher au fléau quelques victimes ! D'ailleurs, le contact n'est point mortel ; c'est en respirant, en absorbant par
les voies digestives ou pulmonaires, les miasmes cadavéri-
ques que le mal vous atteint et vous tue. Une violente douleur au front d'abord, puis une courbature le long de la colonne vertébrale, qui peu à peu gagne les membres. Le vertige, une faiblesse extrême, des frissons glacés.

Bientôt, un feu dévorant semble s'allumer dans la poitrine ; le sang bouillonne, le cœur tressaute : des hémorrha-
gies nasales se déclarent, suivies de vomissements jaunes
ou verdâtres. Une stupeur immense envahit le cerveau, des
bubons charbonneux naissent sur tous les points du corps.
La fièvre, le délire. Les yeux enflammés, le regard féroce,

la prostration des forces augmente, un froid intense vous saisit ; après, la mort ! Si cette peinture ne vous suffit pas, regardez autour de vous ; mais, de grâce, encore une fois, partez !...

A ces mots, je l'avoue, je sentis fondre mon courage. Mon traîneau était là. J'y remontai tout tremblant. Une heure après je rentrais plus mort que vif dans ma chambre bien chaude du quartier neuf, où m'attendait le somavar parfumé...

P.-S. — Un télégramme d'Astrakan m'apporta dès le le lendemain matin une foudroyante nouvelle :

Mon ami, Eugraphe Poutiakine, est mort de la peste dans les bras de son fidèle moujick.

Fougères colossales Palmiers et Cycadées, vous verdissiez non loin de rives où s'ébattaient le lourd ptérodactyle, l'étonnant ichthyosaure et tous les monstres étranges de cette création

IV

L'AUSTERLITZ DES FOURMIS

Il y a des gens qui se disent socialistes, internationalistes partisans de la paix et de l'harmonie universelles.

Ces lurons-là portent le monde dans leur cœur, comme Louis XVIII portait toute la France dans le sien. Ils ont sans cesse à la bouche des mots d'amour. Egalité, fraternité, voilà leur antienne ; plus de guerre ! c'est leur dada. Pendant que deux peuples s'entre-égorgent, ils affectent de tendre les bras au vainqueur et de l'appeler frère. Touchante philanthropie. En 1871, ils disaient à la Prusse ; ma sœur ! et couvraient d'injures leurs compatriotes écrasés par le nombre. Dispensés d'ailleurs de tout service, grâce à leur sacerdoce humanitaire, ils occupaient leurs loisirs à traquer comme bêtes fauves ceux qui n'étaient pas de leur avis, et — toujours au nom de l'égalité — sur dix gaillards de leur acabit nommaient trois généraux, quatre colonels, deux commandants. Le dixième restait simple soldat.

Je ne prétends pas discuter avec ces apôtres. Ce que je voudrais leur faire toucher du doigt, c'est l'absurde de leurs théories. L'égalité qu'ils proclament, mais où est-elle ? N'y-a-t-il pas eu, de toute éternité, et n'y aura-t-il pas, jusqu'à la fin des choses, des géants et des humbles, des cèdres et des roseaux, des forts et des petits ? Le soleil, en vertu de son attraction souveraine, n'entraîne-t-il pas dans l'infini des cieux tout un système de planètes esclaves. Le roi du désert est-il l'égal du timide lapin ? Et le chêne peut-il se comparer à l'hysope ? La création entière en un mot, n'est-elle pas une hiérarchie tyrannique, un flux et un reflux d'attractions et de répulsions, d'asservissements et de révoltes ?

Examinez autour de vous, farouches refondeurs de sociétés. S'il ne vous plaît point de prendre en haut vos leçons, abaissez votre orgueil et vos regards jusqu'à ce peuple invisible que je vais vous montrer. Là, dans un mètre carré, vous assisterez aux discordes civiles, aux guerres, aux représailles ; vous verrez éclater les haines de races, les antagonismes de castes, les intrigues, les ruses, la barbarie, tous vos instincts et tous vos appétits humains. Regardez à vos pieds ; plus près, plus près encore ! Les fourmis vont vous apprendre que, du petit au grand, c'est la même loi qui règle les destinées des gouvernements et des peuples.

Sur les flancs du Mont-Valérien, non loin des ouvrages enfantés par le génie de la guerre, j'ai vu, ces jours passés, la forteresse minuscule d'une tribu de fourmis noires.

L'insecte a copié l'homme, dirait-on, mêmes fossés, mêmes épaulements, demi-lunes et courtines pareilles. C'est une réduction Collas de la terrible citadelle.

Par une poterne adroitement abritée, les habitants du fort vont et viennent sans désordre, les entrants chargés de provisions, les autres affairés, diligents, fidèles à la consigne, qui est de ne jamais chômer. Du matin au soir, ce petit monde travaille à miracle. Les brins d'herbe et d'avoine servent à consolider l'édifice ; les grains sont classés par grosseurs et variétés. Car, — c'est un fait depuis longtemps reconnu, — la fourmi possède au plus haut point le sentiment de la classification. Jamais, dit Latreille, une fourmi ne confondra le blé d'Odessa avec le froment d'Amérique. Chaque sorte occupe une case spéciale ; et, dans ses sombres greniers, l'insecte sait faire régner un ordre admirable, dont le plus habile collectionneur serait jaloux.

A l'entrée du fort, deux sentinelles veillaient, chargées du contrôle des marchandises. Telle fourmi qui se présentait avec son grain, recevait le mot d'ordre et pénétrait à gauche ou à droite, selon la nature de ce grain. Souvent, une pauvre bête arrivait exténuée, brisée sous un fardeau deux fois plus gros qu'elle. Alors une des sortantes rebroussait chemin, venait au secours de sa compagne, et le grain, brouetté à *hue* et à *dia* par les six paires de pattes, faisait triomphalement son entrée dans la ville souterraine.

Couché sur le gazon frais, à l'ombre d'un marronnier, j'observais depuis deux heures les faits et gestes de cette laborieuse peuplade, lorsqu'une douzaine de fourmis, agitant fiévreusement leurs antennes, pénétrèrent en hâte dans la cité. Messagères d'alarmes, elles semblaient crier : « L'ennemi s'avance. Au secours! »

Il avançait, en effet. Devant moi, à quelques mètres du fort, se massait une formidable colonne de fourmis rousses, les vandales de l'espèce. Cette race est avide, barbare, jouisseuse. Tandis que les noires, intelligentes et douces, se livrent en paix aux travaux d'art et à l'élevage des jeunes, celles-ci ne rêvent que rapines, enlèvements et carnage. Malheur à la république, si la discipline se relâche ou si des bandes mal conduites vagabondent dans la campagne! Malheur à la cité, si des forces imposantes ne garnissent pas ses murailles! La fourmi rousse est là, qui guette, ses terribles mandibules toujours aiguisées pour la curée!

Lorsqu'elle fut en présence de la citadelle, la troupe des envahisseurs se divisa soudain. Du gros de l'armée se détachèrent quatre colonnes volantes, commandées chacune par un chef devant lequel tout le bataillon défila. Ce chef était beau ; il avait des ailes !

Au commandement, les deux premiers corps d'éclaireurs désignés pour l'attaque firent irruption dans la forteresse, pêlemêle, la gueule ouverte ! — Pauvres fourmis noires, qu'allez vous devenir ?

Mais, tout-à-coup, les assaillants font volte-face. Le torrent recule, s'éparpille, et par des ouvertures brusquement démasquées, je vois dévaler au grand galop des centaines, des milliers de noires, farouches, vaillantes, intrépides. Une affreuse mêlée s'engage. Les chefs assiégeants parcourent les rangs débandés, frottent de leurs antennes les cohortes indécises, ramenant au combat les fuyards épouvantés, veillant à tout, se multipliant. C'est admirable !

Cependant les abords de la forteresse se couvrent de cadavres. Ce ne sont partout que pattes coupées, antennes arrachées, ventres ouverts, têtes séparées du corselet et mordant à vide le sol arrosé d'acide formique. Des guerriers s'empressent autour des blessés, et d'une goutte de cet acide qui est à la fois dictame et poison, cautérisent les plaies béantes. Latreille a déjà remarqué ce fait extraordinaire. — Que de dévouements obscurs, combien de traits d'héroïsme, quelles vertus au milieu des fureurs aveugles, de la rage et de l'ivresse de cette bataille d'infiniment petits !

Le gros de la troupe assaillante ne bronchait toujours pas. Immobile à son poste de réserve, l'arme au pied pour ainsi dire, elle attendait la fin de ces engagements d'éclaireurs. Au centre du camp, je distinguais à merveille le général en chef entouré de ses lieutenants : là l'état major tenait son conseil de guerre, il arrêtait les dernières dispositions de la journée.

Mais par de nouvelles ouvertures, par des poternes, par des bastions, les fourmis noires descendaient sans trêve, en colonnes épaisses. Chaque légion gagne le poste qui lui est assigné par de mystérieux commandements. Il y a déjà plus de trois mille combattants, masse noire, imposante, qui peut essuyer sans désavantage le choc des rousses. Déjà les deux peuples sont en présence. Une minute d'hésitation terrible s'écoule, pendant laquelle, haletant et ému, je contemple ces myriades d'êtres qui pensent, qui vivent, et sur lesquels tout à l'heure va voler l'infatigable mort.

Le choc enfin se produit. Les deux armées se sont ébranlées ; elles montent littéralement l'une sur l'autre. Un grouillement épouvantable confond ces légions de rousses et de noires. Les mâchoires grincent ; les membres volent ; les corselets fracassés noircissent la terre. Une âcre senteur d'acide formique emplit les airs.

Je renonce à décrire cette scène de désolation, que mes yeux ne peuvent saisir que dans son ensemble. Après dix minutes l'armée rousse est vaincue, taillée en pièces, écrasée. Sous l'œil des généraux vainqueurs, l'ordre se rétablit dans le camp des assiégés et le soir venu, la citadelle était pleine des corps entassés des féroces envahisseurs, qui demain serviront de pâture aux jeunes et assureront, pour cet hiver, l'existence de ces prévoyantes bêtes.

V

LA GÉOLOGIE EN DEUX CENTS LIGNES

Une lectrice aimable veut bien m'adresser ce mot, que je reproduis non sans plaisir :

« Vous avez le talent, Monsieur, d'intéresser les femmes
» aux choses de la science. Sans être précisément frivole,
» j'avoue que je me souciais fort peu, avant de vous lire,
» des petits mystères de la vie d'un insecte, d'une fourmi,
» d'un oiseau. Vos Curiosités m'ont donné du goût pour ces
» bêtes. Mais, dois-je le dire? je crois que le choix des
» sujets vous aide singulièrement, et que s'il est aisé de
» faire lire l'histoire des oiseaux, des papillons et des
» fleurs, peut-être serait-il moins commode d'aborder
» l'étude des machines, des composés chimiques ou des cail-
» loux. Connaissez-vous la géologie? Je n'attends pas votre
» réponse, et sans vous laisser le temps de la réflexion, je
» viens vous demander quelques lignes sur la science des
» pierres, la moins aimable et la plus ignorée de toutes. »

Corbleu Madame! Des pierres! vous en aurez, et par monceaux! Mettant de côté celles qui brillent à vos oreilles, à votre main, — sujet aimable qu'il me serait trop facile de traiter, — je vais fouiller avec vous les entrailles du sol, et vous jeter à la tête tous les granits, tous les schistes et toutes les laves que nous rencontrerons. Posez là, je vous prie, le galant ouvrage de ces doigts de fée, prenez à deux poings votre courage, et géologuons.

Vous n'attendez pas de moi, j'espère, une nomenclature abrupte des terrains, une description serrée des éléments moléculaires des roches. Peu vous importe, n'est-ce pas, que le gypse de Montmartre soit un « sulfate de chaux hydraté », ou que la pierre de votre foyer soit un « calcaire à *Cerithium lapidum?* » Si j'ai bien compris votre question, c'est la théorie géologique et non la science expérimentale qu'il vous plaît de connaître. — A merveille !

Je prends donc la terre à sa genèse, et je dis, avec la science moderne :

Imaginez, Madame, un globe de flammes, un soleil, mélange ardent de gaz, de métaux en fusion, de matières incandescentes. C'est la Terre. Le Créateur l'a jetée dans l'immensité froide, lui a assigné sa place exacte, et lui a dit : Tourne ! Obéissante, cette masse de feu roule et décrit à travers l'espace la courbe éternelle que Newton et Képler ont définie.

Pendant des millions, des milliards d'années peut-être, elle a suivi le même chemin, dégageant autour d'elle d'énormes quantités de chaleur, échauffant les mondes voisins, comme le soleil dont elle était sortie, éclairant la lune, fécondant de ses rayons et de ses feux le monde étrange que j'ai dépeint ici. Mais la main puissante qui lui avait donné son impulsion et ses mouvements divers, ne l'abandonnait pas au sein du vide. Un patient travail s'élaborait dans cette boule de dix mille lieues d'étendue. Les gaz légers se séparaient des corps solides et métalliques. L'or, l'argent et le cuivre, individualités de noble origine, refusaient de se mésallier avec les laves vulgaires. Les affinités, les antipathies se révélaient. Une intelligence rudimentaire se manifestait au milieu de ces torrents embrasés ; le grand ouvrage du classement universel commençait ! L'homme, dans son orgueil, croit l'avoir inventé. Il le déchiffre tout au plus, et n'est pas très bon clerc en ces matières.

*
* *

Faisons un saut de cent mille siècles.

Le globe de feu s'éteint par degrés. De la lune, où l'on suit attentivement sa métamorphose, les yeux séléniens constatent des taches sur notre large disque étincelant. — Tel aujourd'hui le soleil à nos regards terrestres. Que sont ces taches? Des pellicules solides, ébauches de continents, embryons d'Himalayas, d'Alpes ou d'Apennins, qui rident à peine la surface déjà moins fluide de cette fournaise débordante...

A mesure qu'il accomplit son évolution, les bouleversements se succèdent sur notre monde en travail. Une croûte aussitôt brisée se forme, puis se reforme et s'épaissit. Les vapeurs chaudes, au contact des couches glacées de l'atmosphère, se condensent en pluie, tombent en cascades fumantes, se vaporisent et retombent encore. Ainsi, peu à peu, se refroidit la fragile et mince enveloppe des creusets où le chimiste fond le soufre, tandis qu'au-dessous la masse reste liquide, et brûle...

Mais des colonnes de gaz, emprisonnées dans les entrailles du globe, se font jour ; une immense dilatation se produit, rompt la pellicule en mille débris qui s'engloutissent, remontent à flot, se ressoudent tumultueusement. Ces cataclysmes, vingt fois renouvelés, deviennent de plus en plus rares ; après une incommensurable série de siècles, que nulle imagination humaine ne saurait concevoir, un calme relatif s'établit enfin, les feux disparaissent, le silence succède aux détonations et au fracas. Le refroidissement gagne de proche en proche ; les porphyres, les laves et les basaltes se solidifient. C'est à peine si quelques volcans, — soupapes de sûreté du foyer central, — attestent par leurs convulsions l'existence de ce foyer, et révèlent au monde son origine de feu.

Voilà, Madame, le premier âge de notre terre, ce que les géologues appellent la période ignée ou *plutonienne*. Le granit qui se dresse en obélisque sur la place de la Concorde, les dalles qui s'étendent à nos pieds sur les trottoirs de Paris, sont contemporains de cette époque ; la Maladetta, le Mont-Blanc et le Cervin en sont les témoins gigantesques, et nous disent, par leurs prodigieux entassements, de quelles commotions épouvantables ils sont les fils.

Je franchis encore un million de siècles.

— Et les sept jours de la Genèse? me dites-vous?

— Ma foi, Madame, les géologues s'en préoccupent fort peu. Ils prouvent, par l'examen des diverses couches du sol, que la tradition biblique est inexacte, et cette doctrine est admise même par des membres du clergé. Le désaccord, au reste, n'existe que sur le mot *jours*, et s'il vous plaît, nous les remplacerons par ceux-ci : sept trillions de milliards d'années.

— Est-il besoin de se chicaner pour de pareilles misères!

La croûte solide du monde est donc formée. La carcasse, le squelette des continents s'étend d'un pôle à l'autre, avec ses arêtes montagneuses, les vastes bassins où rouleront ses mers, ses plaines désertes et ses vallons muets. La vie est absente. Quels êtres pourraient supporter la haute température de ces terres surchauffées? Les océans eux-mêmes ne sont pas fixes. Tandis que leurs flots bouillonnent et fument dans les abîmes, un soulèvement déplace leur lit, élève des monts au milieu de l'onde, fait succéder de larges îles aux humides étendues. Ces phénomènes, d'abord fréquents, se manifestent plus tard à de lointains intervalles; jusqu'à ce que les terres, tour à tour immergées et émergeantes, acquièrent enfin la température favorable aux premières ébauches de la vie. Les airs sont saturés d'acide carbonique; le sol est brûlant encore. C'est ici qu'apparaissent les plantes phanérogames, géants du règne végétal dont les représentants survivent au sein des forêts équatoriales.

Fougères colossales, palmiers et cycadées, forêts sans ombre des temps carbonifères, je vous salue! Et lorsque je retrouve, en clivant un schiste, vos troncs déliés, vos stipes élégants, les fines nervures de vos folioles, je reporte ma pensée vers les âges où vous verdissiez sur les jeunes couches du sol naissant, non loin des rives où s'ébattaient le lourd ptérodactyle, l'étonnant ichthyosaure, et tous les monstres étranges de cette création infernale !

Après la période que je viens de résumer à grands traits,

— période *secondaire* ou de *transition* des géologues, qui nous a laissé les vastes dépôts de houille, d'ardoises et de marbres, — les conditions climatériques s'améliorent, la vie se répand et s'harmonise à la surface du sol. — Admirable prévoyance du Créateur! Tout se prépare pour la Créature. L'air devient respirable, l'eau se condense, les plantes élaborent un milieu plus pur, les terres se couvrent de trésors embaumés. Tout est combiné pour le moment précis où doit apparaître la vie définitive. « Cela, dit Flourens, prouve Dieu » et un seul Dieu; s'ils eussent été deux, ils ne se seraient » pas si bien entendus ! »

Un long intervalle de repos succède aux catastrophes répétées, aux mouvements convulsifs de la masse terrestre. Alors se forment de nouveaux bassins, des mers nouvelles; les êtres pullulent. Mollusques, insectes, crustacés, des millions d'animaux parfaits peuplent les airs et les eaux. Les forces créatrices prennent un irrésistible essor, et le monde se pare d'espèces à peu près semblables à celles qui vivent de nos jours.

Les oiseaux, les poissons, les mammifères rongeurs, les carnassiers, les singes, les grands ruminants, la plupart des êtres qui composent la faune actuelle se retrouvent dans les couches de cette troisième période — âge *tertiaire* des savants. Les serpents aux écailles diaprées et les batraciens aux durs coassements viennent étaler leurs couleurs, pour la première fois, au soleil de ces temps antéhistoriques. Une mer profonde recouvre le sol qui, plus tard, sera Lutèce. L'Auvergne est en feu; cent cratères vomissent le tuf et la ponce dans le Cantal et le Puy-de-Dôme. Comme aujourd'hui, les Pyrénées dressent vers le ciel leurs cimes sauvages. Mais la terre n'est encore habitée que par des animaux féroces; nul être humain ne respire à la surface du globe.

Tout à coup, dernières secousses de la Nature, des affaissements immenses se produisent. Le niveau des mers change brusquement; les eaux se précipitent sur les continents et bouleversent la création. Des montagnes qui, jusqu'alors, avaient en leurs flancs cachés dans le sein de la terre, surgissent au-dessus du niveau des plaines. Les Alpes et les Cordillières prennent leur relief actuel, et étalent leurs sommets hardis au-dessus des contrées qu'elles viennent d'inonder par leur formation. Un nombre incalculable d'animaux trouvent la mort dans ce déluge, le centième peut-être depuis l'origine des choses, et le précurseur du déluge biblique. — Des milliers et des milliers d'ans s'écoulent encore !

Enfin, la tranquillité revient à la nature, les mers se circonscrivent, se resserrent et se renferment dans leurs limites actuelles. Des êtres plus parfaits font leur apparition définitive, et lorsque tout est disposé dans le ciel, dans les eaux et sur la terre pour la créature par excellence, l'homme apparaît, Madame, et ma leçon est terminée.

VI

LES FUNÉRAILLES D'UN OISEAU

L'auteur délicat et charmant des *Humbles*, des *Petits poèmes de Lorin*, des *Intimités*, s'étonne de n'avoir jamais rencontré dans la campagne le mignon cadavre d'un oiseau. Que deviennent-ils donc, ces hôtes joyeux de la forêt et des pelouses, lorsque leur petit cœur a cessé de battre ? Quelle mystérieuse pudeur s'empare, aux derniers moments, de leurs âmes ? Où vont-ils exhaler dans un frémissement la note suprême de leur chanson ?

Est-ce que les oiseaux se cachent pour mourir ?

A cette question du poëte, nul poëte n'a répondu. Mais la science, qui sait tout et d'autres choses encore, nous a dit le mot de l'énigme. C'est avec ses données précieuses que je vais vous conter le roman véritable des obsèques d'un oiselet. Ecoutez-moi, je vous prie, M. Coppée.

Mon voisin de campagne, le colonel R..., un des mutilés de Reichshoffen, a deux passions de jeunes filles : les fleurs et les volatiles. Il les idolâtre, le vieux héros. Lorsque M. Geoffroy Saint-Hilaire reçoit de l'Inde ou du Haut-Nil deux couples de ces admirables passereaux, de ces rutilants gallinacés ou de ces étonnants palmipèdes que tout Paris va voir au Jardin d'acclimatation, il y en a toujours un pour le colonel.

Ainsi des graines et des boutures. C'est lui le premier qui a cultivé l'*Orchis aile de papillon*, et la *Dionée attrape-mouches*, deux merveilles. Il possède, seul en Europe, et vivant, le *Colibri rubis-topaze*, ce joyau ailé qu'une araignée prend dans sa toile, et qu'un grain de sable fait mourir.

Croix, pension, campagnes, tous les revenus du brave guerrier y passent. Il mourra sans le sou, laissant à un trio de neveux incompétents la serre, les volières, douze pipes et sa jambe de palissandre. — Encore trop pour eux, tonnerre de... Brest !

Sur la fin de cet automne, comme je me disposais à dire adieu, pour six grands mois, aux coteaux d'Etampes la jolie, je reçus de mon voisin de villa le bizarre faire-part que voici :

« Vous êtes prié d'assister aux funérailles d'un bengali à queue rose, emporté, à la fleur des ans, par la nostalgie des rivages australiens.

« L'enterrement sera commencé dès demain à l'aube, par les soins des fossoyeurs ordinaires du bon Dieu.

« Rendez-vous à la cage mortuaire. »

Si je fus intrigué, le lecteur le devine. Attristé, foi d'académicien, je mentirais. Il n'en était pas de même, hélas ! du colonel, que je trouvai, à l'heure dite, sombre et découragé, devant la cage où se pelotonnait frileusement la veuve inconsolable. Je ne fus point avare de condoléances. A l'une, je présentai quelques sucreries, qu'elle croqua d'un bec navré. A l'autre, je débitai les banalités convenues, qui ne firent qu'irriter sa douleur. — C'était le dernier !... — Mais l'Australie est là... — L'Australie n'en fait plus. Ces brigands de colons ont tout détruit ! — Allons, courage, j'écrirai à mon ami le consul de Melbourne (je n'ai pas d'ami consul, fût-ce à Saint-Marin) et votre bengali sera remplacé...— Non, pas le bengali à queue rose ; vous ne voyez donc pas qu'il a la queue rose !

Encore un peu, la vieille moustache aurait pleuré.

O poétique Lesbie, affligée à la perte de ton moineau, où es-tu ?

— Venez, dit le colonel, avec un geste à fendre un hulan en deux.

Nous allâmes. Au fond du jardin, une haie de framboisiers sauvages, à demi-brisée par les détrousseurs de nids, ouvrait une porte facile sur la prairie, toute pleine de battements d'ailes, de bruissements légers. La vie semblait s'exhaler du sein de la terre, baignée de soleil et de rosée. Chaque feuille de trèfle, chaque fleur de réveille-matin étincelait de diamants, où venaient s'ébattre et s'abreuver mille insectes aux ailes frémissantes.

Insensible à tout cela, mon compagnon marchait d'un pas inégal, fauchant sans pitié de son pilon les herbes, écrasant les convives, faisant des hécatombes de cris-cris et de coccinelles. O nature, que de crimes on commet avant le déjeuner!

— C'est là, murmura mon chef de file, en me montrant tout à coup, au milieu d'une clairière sablonneuse, le corps inerte du bengali. Je vous ai promis un enterrement, nous y sommes. Baissez-vous et regardez !

Nous nous accroupîmes dans le gazon. Le colonel alluma tristement la bouffarde des funérailles, et, fidèle à la consigne, je ne perdis pas de vue le joli petit mort, ses pattes décolorées et sa queue, cette fameuse queue rose que l'Australie elle-même ne devait plus reproduire.

Ce que je vis, tous les jardiniers et chasseurs d'insectes le savent. Moi, qui ne suis qu'académicien, je l'ignorais. Spécialistes, mes amis, nous en sommes tous là : ferrés à glace sur les noms grecs des êtres invisibles, habiles à analyser les métaux solaires, mais incapables, dans un potager, de dire à deux herbes: « Tu es chou, et toi, le voisin, tu es navet! »

Je vis un essaim de mouches jaunâtres et velues, tourbillonner au-dessus de l'oiseau chéri, polluer insolemment des pattes et de la trompe son plumage coquet, puis, enhardies par notre silence, attaquer les yeux, la langue, le petit croupion grassouillet. De temps à autre, un scarabée aux élytres marbrés d'or et de jais venait en sifflant du bout de l'horizon, se posait lourdement sur le cadavre, et se glissait au milieu

des plumes, où un second, un troisième disparaissaient à leur
tour. Petit à petit, vingt autres arrivèrent, essoufflés, hale-
tants. La meute devenait légion. Toute cette bande pénétra,
je ne sais comme, dans le corps de l'oiseau, que je vis s'agi-
ter et se balancer sur lui-même, soulevé, en quelque sorte,
par des centaines de pattes robustes et de mandibules épouvantables.

— Quelle curée ! m'écriai-je !

— Ce ne sont pas des affamés, répondit le colonel, ce sont
des fossoyeurs. Regardez toujours.

J'écarquillai les yeux de plus belle. Positivement, le bengali semblait s'affaisser et descendre dans le sol mouvant de
la clairière. Aux scarabées jaunes et noirs s'étaient joints
des dermestes, des sylphes, des bousiers, des ontophages,
des aphodies, la tribu entière des mangeurs d'immondices,
des purificateurs de l'air. Ah ! la bonne besogne et les vaillantes bêtes ! C'était miracle de les voir accourir à la res-
cousse, entrer dans la danse, et du front, des palpes, des
antennes, des crocs, de tout, creuser la terre sous l'énorme
petit cadavre, qui s'enfonçait à vue d'œil.

Les plus ardents au travail étaient les nécrophores, ceux
que le colonel avait appelés les fossoyeurs du bon Dieu.

Et de fait, ils avaient reçu de la nature d'admirables
outils. Tête puissante, aux mâchoires acérées ; labre creusé
comme une pelle, pour rejeter la terre et agrandir le trou ;
corselet arrondi en bouclier ; pattes antérieures munies d'un
tarse large et tranchant, les autres courtes et fortes. Avec
cela, deux yeux farouches, des mouvements saccadés ; une
allure de croquemort, vraiment.

L'un d'eux, gros bonnet des pompes funèbres sans doute,
dirigeait son équipe magistralement. Planté sur le sternum
du bengali, il ne cessait de tourner autour de son poste
d'inspection. Lorsqu'un travailleur faisait mine de se ralentir
v'lan, un coup de corne ! et mon gaillard en avait une terrible
paire, en forme de massues, qu'il agitait sur tout son monde
d'un air menaçant.

Alors une sorte de frénésie s'emparait de la troupe. J'entendais le bruit de ces houes, de ces pioches et de ces pelles vivantes. Autour du corps, le sable remblayé s'élevait déjà en talus symétrique. Des hommes, chargés de creuser la fosse d'un géant mille fois plus gros qu'eux, fussent morts à la peine. Ces pygmées au contraire paraissaient infatigables. Ils fouissaient sans trève, je dirais volontiers en mesure, habiles, courageux et forts, incompréhensibles!

Le colonel me regarda. Son œil disait :

— Eh bien ! que pensez-vous de ça ?

— C'est inouï, répondis-je.

Nous étions là depuis deux heures.

— La besogne des mâles s'avance, reprit mon voisin, mais ce n'est que le premier acte. Encore un peu d'attention. Vous allez voir les femelles à l'œuvre.

Je ne demandais pas mieux, malgré la fatigue de mes pupilles.

Bientôt, en effet, les scarabées, grands et petits, sortirent un à un de la fosse qu'ils venaient de creuser. Arrivés en haut du talus, chacun secouait sa poussière, faisait un bout de toilette, ouvrait ses étuis et s'envolait allègrement. Bousiers, ontophages, dermestes, tout le menu fretin, disparut à son tour. Le pauvre oiseau resta seul au fond de son trou, qui avait coûté tant d'efforts, et qu'un coup de pouce aurait comblé.

Les femelles se firent attendre. C'est dans l'ordre.

Elles vinrent cependant ; je les reconnus à leurs membres plus déliés, à leur abdomen plus saillant, à leurs teintes plus ternes ; le beau sexe, chose étrange, est remarquablement laid chez les animaux. Aux mâles sont départies toutes les parures, toutes les séductions de la forme et de la couleur, tous les priviléges. J'en excepte pourtant l'araignée, qui, plus vigoureuse et plus grosse que son époux, le croque volontiers, après un tendre tête-à-tête. « — Dure leçon, mon fils, pour les voluptueux, » dirait M. Prudhomme.

Mais revenons à nos femelles.

Ces dames pénétrèrent dans le cadavre par une porte qu'il

ne convient pas de nommer. Quand elles reparurent au jour, le bengali portait dans son sein des milliers d'œufs. Leur mission était accomplie. Allégées alors du fardeau de leur progéniture, elles prirent leur vol et disparurent dans la vapeur rose du matin.

— C'est fini ! dit le colonel en se remettant péniblement sur ses pieds. Vous avez assisté aux funérailles d'un oiseau. Racontez cela, on se moquera de vous; mais ne manquez pas d'ajouter, je vous prie, que ces admirables fossoyeurs, créés par Dieu afin de purger l'air des miasmes empestés, travaillent aussi pour leur espèce. Lorsque les œufs dont mon pauvre bengali a plein le ventre viendront à terme, les jeunes, incapables de pourvoir à leur existence, trouveront toute prête leur pâtée. Dans ce petit corps, il y a du pain sur la planche pour cent familles ! Ainsi, la pourriture enfante des mondes, chaque cadavre est un berceau, et la vie, une vie toujours nouvelle, jaillit éternellement du sein de la terre. La mort n'est qu'une transition, une halte entre deux évolutions de la matière. — Allons déjeuner !

VII

UN RECOLLEUR DE TÊTES

Ce que je viens de voir et d'entendre bouleverse ma raison. Je n'ai pas rêvé pourtant. C'est bien en plein jour, au milieu de choses qui me sont familières, en présence d'une des sommités médicales du Nouveau-Monde, que j'ai vu et touché le corps tiède d'un assassin décapité il y a deux ans!

Criez à l'imposture tant qu'il vous plaira. J'ai vu! — Epouvanté, mais sceptique encore, j'ai promené mon doigt sur les cou détaché, puis réuni au tronc, de cet homme qui a survécu à la mutilation suprême. Un bourrelet de chair blanche sur ce col brun, un sillon net et droit sur la nuque, une cicatrice parfaitement circulaire dessinent à n'en pas douter la trace du terrible couteau. Nulle autre blessure, du reste, n'aurait produit les désordres organiques que j'ai constatés *de visu*. La science ne peut-elle pas opérer ce prodige? Le docteur Ceballos, enfin, n'est-il pas mon ami? Et qui donc oserait élever une protestation ou même un doute lorsqu'il a dit : « J'affirme ! »

La clinique du grandspécialiste américain est située à Vangirard, à deux pas des fortifications, entre la porte d'Issy et la station de Grenelle-Ceinture. Maison banale, sans style, avec un petit jardinet et son jet d'eau. Au rez-de-chaussée, le cabinet de consultation; tout à côté, la salle d'expérience et le laboratoire. Cela simple, sans prétentions, sans

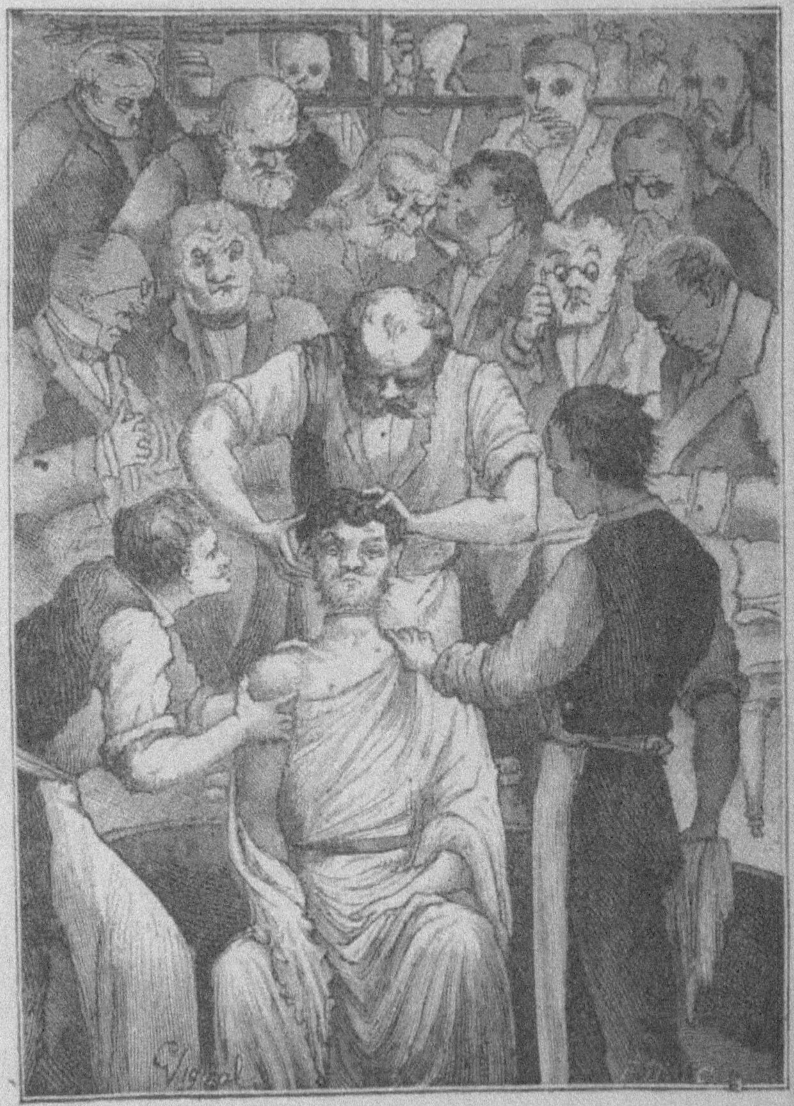

L'œil droit était grand ouvert, l'œil gauche semblait dormir....
Il n'y avait pas une minute à perdre; je fis appel à toute mon énergie
— je posai carrément la tête sur sa base...

pose. Un vrai sanctuaire de chercheur. Il y a trois ans, M. Ceballos a quitté Lima, où son nom est vénéré, pour s'installer à Paris. On l'y connaît à peine. D'aucuns le traitent de fou. Ennemi du bruit et de la réclame, il vit à peu près ignoré dans ce faubourg, travaillant comme Papin, comme Palissy, au bien-être d'une humanité qui passe, indifférente aujourd'hui, à ses côtés, et qui demain lui dressera des statues. C'est là que j'ai découvert ce modeste. — Puisse-t-il me pardonner d'avoir jeté son nom aux quatre coins du monde, et dévoilé le secret de ses étonnantes découvertes !

Un matin, je reçois ce bout de billet :

« Pablo, l'assassin dont je vous ai parlé tant de fois, vient d'arriver à Paris. Il est mort chez moi. Venez vite, et vous serez convaincu ! »

Ceballos.

Une heure après j'étais à Vaugirard.

— Eh bien ! votre décapité parlant ?

— Il ne parle plus, mais vous allez le voir ! A peine débarqué au Hâvre, une méningite se déclare ; je l'ai reçu mourant. La traversée, les ébranlements nerveux causés par le mal de mer, que sais-je ?... Enfin, il est là. Son témoignage verbal est inutile, l'autopsie que nous allons faire ensemble sera plus éloquente que le récit de son aventure. Mais, hâtez-vous donc !

Essoufflés, fiévreux, nous entrons dans la salle d'expériences. Sur la grande dalle de marbre noir, un homme est étendu, raide, la bouche ouverte. C'est Pablo, le parricide, décapité à Lima le 18 octobre 1877, mort à Paris — et bien mort — le 2 juin 1879. Petit, nerveux, tête brune et cheveux crépus, des anneaux d'or aux oreilles, un type d'Indien sang mêlé, barbe rare, dents longues, jaunes ; des yeux de vautour, brillants encore, les vêtements d'un marin, tel est le personnage. La chemise, largement ouverte, découvre la poitrine et le cou, ce cou hâlé, mince, où le couperet du bourreau a imprimé le sillon blanchâtre que j'ai décrit.

A côté du corps, sont rangés des couteaux, une scie, divers

scalpels, une sonde, des appareils à injections, tout ce qu'il faut pour une autopsie. Je n'ai pas peur, mais je me sens pâle ; que va-t-il se passer ?...

— Ce bonhomme-là, dit Ceballos en nouant son tablier à bavette, est le plus étrange sujet qui ait jamais passé par les mains d'un anatomiste. Je l'ai vu mort, sa tête à dix mètres du tronc, arrosant la terre de ruisseaux de sang. J'ai tenu cette tête au bout de mon bras, pendant que le reste se tordait à mes pieds. Ensuite, j'ai revu le tout marcher, manger, rire et boire, comme le premier convalescent venu. Vous connaissez l'histoire ; mais puisque le phénomène est là, sous nos yeux, je vais vous la rappeler en quelques mots :

Au Pérou, nos chirurgiens pratiquent souvent la *greffe animale*. Vous n'ignorez pas cette merveilleuse application de la science physiologique, qui consiste à rejoindre deux parties brusquement séparées du corps animal, voire même du corps humain, et à leur rendre, après la soudure, la chaleur, la sensibilité, le mouvement, toutes les fonctions vitales. Celse et Galien rapportent à ce sujet des faits extraordinaires. — Tagliacozzi, au seizième siècle, recollait les nez et les oreilles tranchés par le bourreau ; Ambroise Paré, plus tard Dionis et Garengeot reproduisirent avec succès les mêmes expériences : le docteur Balfour rapporte le cas d'un charpentier d'Edimbourg qui, après avoir eu l'index emporté d'un coup de hache, recouvra l'usage de ce membre recollé, mis en place et rapidement guéri.

Le bras tout entier d'un soldat, qui vit aujourd'hui dans le département des Vosges, a été ressoudé de la même manière, après la bataille d'Arlon, — vous lirez le fait dans le *Dictionnaires des Sciences médicales*. Les exemples abondent. Et l'histoire de la chirurgie contemporaine est pleine de récits de doigts, de mentons, de dents, de nez, de paupières restaurés. Dans tous ces cas, la continuité des vaisseaux, des nerfs eux-mêmes se rétablit pour ainsi dire sans efforts. Il y a mieux ! La partie transplantée prend les caractères de celle dont elle tient la place ; la peau faisant office de lèvres devient muqueuse ; la muqueuse amenée au dehors devient peau ; un lambeau de périoste suffit pour reconstituer un os. On a pu même renouveler toute la voûte osseuse du palais ! L'infatigable nature répare ainsi les pertes qu'elle a subies, et, molécule par molécule, refait à neuf l'organe indispensable à l'économie du sujet.

— Je sais tout cela, répondis-je.

D'essai en essai, reprit le docteur, et toujours enhardi par les cures les plus heureuses, je fus amené à cette conclusion : que la tête d'un mammifère quelconque pourrait, après la décollation, reprendre sa place et revivre. C'était fou, absurde, je le sais bien. Tous les spécialistes, mes confrères, haussèrent les épaules. L'Académie de Lima me fit examiner comme aliéné. Je fus mis au ban de la médecine américaine. Un autre eût fait amende honorable et juré, comme Galilée, que la terre ne tournait pas. Vous me connaissez. Je tins bon. Un jour, dans la *Revista médico-quirúrgica del Peru*, rédigée par mon vieil ami Ignacio de Oca, je publiai le court entrefilet que voici :

« Le docteur Tomas Ceballos, praticante mayor (interne) de l'hôpital général de Lima, s'engage à recoller la tête du parricide Pablo, condamné aujourd'hui à la peine capitale par la haute cour criminelle de cette ville, et sous caution d'une somme de mille piastres **fortes**, déposées à la Banque péruvienne, promet de rendre la santé au supplicié, dans le délai maximum de trois mois.

« Le docteur Ceballos opérera en présence de tous ses confrères, qu'il convoque dans la prison de Lima, le 18 octobre, jour de l'exécution, à sept heures et demie du matin.

« Signé : Tomas CEBALLOS. »

Le lendemain de la publication de cette foudroyante note, le président de la République fit placer à ma porte deux sentinelles armées, avec ordre de ne me laisser sortir qu'en plein jour, et après m'avoir minutieusement fouillé. Evidemment, aux yeux de la police et de tous mes concitoyens, j'étais un fou, un fou dangereux, capable de mettre la capitale à feu et à sang.

Sans m'émouvoir, je déposai tranquillement à la Banque de Lima les mille pesos, dont je me fis délivrer un reçu en règle, je repris mes travaux et j'attendis le grand jour de l'exécution; non sans douter moi-même de la réussite si prématurément escomptée. — L'Académie avait prononcé son arrêt. J'étais digne de la camisole de force. Vous allez voir lequel de nous deux avait raison.

La veille de l'exécution, j'allai au *presidio* voir mon sujet. Le malheureux ne fut pas médiocrement étonné en se trouvant, lui condamné, libre et sans entraves vis-à-vis d'un médecin que gardaient à vue deux soldats armés jusqu'aux dents.

— Pablo, mon ami, lui dis-je, je suis chargé d'une triste nouvelle. Le Président de la République a rejeté votre recours en grâce ; nulle puissance humaine ne saurait vous arracher au bourreau. Demain, au point du jour, vous comparaîtrez devant Dieu. J'ai obtenu cependant une faveur qui abrégera votre supplice et peut-être vous sauvera. Prêtez-moi toute votre attention, Pablo, il s'agit de tenter un miracle. La vie, entendez-vous ! Si je vous apportais la vie !…

Le bandit me regarda d'un œil terne. Ce médecin des morts, qui lui parlait de salut entre deux baïonnettes, cette possibilité de délivrance, alors que tout espoir était perdu… il ne comprenait pas.

— Les lois du Pérou, repris-je, vous condamnent à la potence. Cinq minutes d'une terrible agonie, l'asphyxie par strangulation, la désarticulation mortelle de vos os, voilà ce qui vous attendait, sans moi. Le chef de l'État a eu pitié de mes prières ; il consent à commuer votre peine. Réjouissez-vous, au lieu de mourir sur l'infâme gibet, vous aurez simplement la tête tranchée !

Pablo m'enveloppa d'un regard de souverain mépris. Pour lui aussi, j'étais fou. O l'ingratitude des hommes !

— Écoutez-moi, mon ami. Je suis médecin, et savant, dit-on. J'ai découvert l'infaillible moyen de rejoindre des parties séparées du corps ; votre tête tombée, je la recollerai sur vos épaules aussi aisément que cette queue de chat a été soudée à la crête de ce coq. (Je tirai de ma poche une crête à laquelle, en effet, j'avais adapté la queue d'un petit chat, et que pendant deux ans mon coq avait fièrement portée comme un panache) (1).

Les deux miliciens ne purent retenir un éclat de rire à cette étrange exhibition. Le condamné, lui-même, se dérida. Encouragé par l'heureuse disposition d'esprit de mon patient, j'abordai de front les grosses difficultés.

— Ne doutez pas du succès, Pablito ; armez-vous de tout votre courage. Le coup donné, tâchez de concentrer dans le cerveau ce qui vous restera de force vitale et de volonté. Pas de défaillance ! Je serai là ; si vous parvenez à franchir de sang-froid la seconde pénible, sans doute, mais après tout fort courte de la décollation, vous serez sauvé ! Jurez-moi, sur le Christ, que vous ne perdrez pas la tête et que, si votre raison ne vous a pas abandonné, vous fermerez l'œil gauche !

— Ce serment est facile, répondit Pablo, je jure !

— Bien. Votre œil gauche fermé, cela voudra dire : « Je me souviens, donc je vis ! » Et alors, je réponds de tout. Touchez-là, dans quinze jours nous boirons ensemble à la santé du bourreau.

Et je sortis de la cellule en répétant au pauvre diable : « L'œil gauche ! »

Toute la nuit, Lima fut bruyante, animée, houleuse. De fortes patrouilles parcouraient les rues, sabre au poing, baïonnette au canon. Une émeute était à craindre. La foule, avide du spectacle de la potence, ne semblait pas disposée à tolérer que l'exécution eût lieu dans la cour du *presidio*, en présence de quelques médecins et d'une dizaine de journalistes. Elle blâmait la faiblesse du chef de l'Etat, elle reprochait à la justice l'application d'une pénalité contraire aux lois du Pérou ; il lui fallait son gibet et son pendu frétillant, et les processions des confréries, et tout l'appareil pompeux de la mort. Le huis-clos l'exaspérait.

(1) Expérience de Baronio, mentionnée dans ses *Mémoires sur les greffes animales* ; Milan, 1814.

Cependant, dès sept heures, mes collègues de la Faculté arrivaient au rendez-vous. Les éminents docteurs Bartolomé Pardo, Nicanor Quinche, Domingo Loza, Ricardo Peacan, Esteban Testasecca, tous les médecins civils et militaires de la capitale étaient là. Je parus, plus pâle cent fois que le misérable dont j'avais promis de sauver la tête. Un murmure de pitié m'accueillit, et devant cette unanime réprobation de mes juges, je baissai le front comme une victime, comme un coupable.

Derrière moi, Pablo marchait calme, tête haute, entre l'aumônier et le bourreau.

A cet endroit du récit de mon ami Ceballos, je sentis un frisson glacé dans mes veines. Je revis l'exécution toute récente de Lebiez et de Barré, la pluie de sang, les têtes livides, l'éclair du couperet... et je me sentis blémir.

— Courage, reprit le docteur péruvien, vous n'êtes pas au bout; mais j'abrége. Au moment fatal, je me tournai vers le patient : « Souvenez-vous! l'œil gauche! » Il fit un signe de tête et se livra aux exécuteurs...

Prompt comme la pensée, je me jetai sur ce crâne, je saisis à pleines mains les cheveux crépus que voilà, et pendant que deux internes disposaient et attachaient le tronc sur une chaise de fer, je plongeai ce cou saignant dans un baquet d'eau, qui tout aussitôt devint rouge. Une minute après, la tête était parfaitement exsangue. O surprise! l'œil droit était grand ouvert, le gauche seul semblait dormir. Pablo s'était souvenu. Entre le coup de couteau et l'instant où je le tenais là, dans ma main, le grand criminel avait donc vécu, il avait pensé!

Cinq minutes s'écoulèrent. Les derniers jets de sang lancés par les carotides se figèrent en caillot vermeil sur le tronçon du cou.

— Tout est prêt, maître! dirent mes aides.

Il n'y avait pas une seconde à perdre. La moindre hésitation, le plus léger tremblement de doigts, et le succès de l'expérience était à jamais compromis! Je fis appel à toute mon énergie; dussiez-vous rire de moi, j'avoue que j'adressai une courte prière au Dieu de l'éternelle science : « Secondez mes efforts, lui dis-je, et guidez ma main ! il y va du salut d'un pécheur qui s'est repenti ; la justice des hommes l'a condamné, que votre souveraine clémence lui pardonne ! »

— Maître ! s'écria l'un de mes aides, le couteau a passé entre la deuxième et la troisième vertèbres cervicales ; un fragment des apophyses est seul emporté. L'œuvre de la nature se simplifie. J'espère !

— Le cou ne saigne plus, dit le second opérateur, la plaie est lavée. Tout va bien. J'espère.

Alors je posai carrément la tête sur sa base, de façon à ce que la continuité de la moelle, des artères, du pharynx, de l'œsophage et de toutes les fibres musculaires pût s'opérer sans déviation. En même temps que je donnais l'ordre à mes élèves de coudre les lèvres de l'horrible blessure, je pratiquais à l'artère humérale une incision par laquelle j'injectais deux livres du sang d'un jeune veau ; maintenant toujours la tête et le corps immobiles, grâce aux armatures de fer imaginées par moi, je continuai pendant deux heures cette transfusion revivifiante, au milieu d'un silence où se mêlait une sorte de stupeur. La Faculté doutait encore, mais elle ne riait plus. Le fou ne se comportait-il pas comme un sage ? Et le succès, tout improbable qu'il fût aux yeux des savants, ne pouvait-il pas couronner une opération si bien conduite, si conforme aux règles de la chirurgie ?

A mesure que le sang tout chaud du pauvre animal qu'on venait de sacrifier s'infiltrait dans le réseau artériel, mes aides et moi nous sollicitions par des pressions régulières, sur les muscles thoraciques, le jeu des poumons ; petit à petit, la teinte rosée de la vie s'étendait, gagnait les extrémités ; une chaleur douce pénétrait les chairs, le cœur soulevait visiblement la poitrine, et le pouls, faible encore, filiforme, répondait à la pression de mes doigts. Ce n'était pas la résurrection, peut-être, mais c'en était toute l'apparence, la miraculeuse illusion.

A dix heures du matin, le patient ouvrit et ferma les yeux.

ses lèvres frémirent : un long sifflement nasal rejeta au dehors les caillots de sang qui obstruaient les conduits olfactifs, et un cri, oui un cri, inarticulé, rauque, jaillit de la gorge de ce cadavre !

Un long murmure d'admiration lui répondit. « Il vit ! » glapirent mes élèves, pendant que la Faculté de Lima, par les vingt bouches de ses plus doctes professeurs, répétait ces deux mots qui résumaient mon triomphe : « Il vit ! »

Que vous dirais-je? continua Ceballos, dont le visage rayonnait d'une joie pure; huit jours durant, je dus maintenir sur les épaules de mon sujet sa tête encore mal assujettie; mais la nature, notre puissant collaborateur, poursuivait son œuvre invisible de réparation. Par quelle miraculeuse et divine vertu les vaisseaux et les nerfs ont-ils pu reprendre, après le coup de couteau, leur fonctionnement normal, comment la vie a-t-elle réuni les deux tronçons de ce corps, pourquoi les jeux divers du mécanisme de la parole, de la déglutition, de la respiration, ont-ils recommencé sans obstacle, et quelle mystérieuse influence, enfin, a rendu la pensée à ce tout naguère inerte? C'est là un problème que je ne saurais résoudre. Pablo a vécu deux ans. Le Pérou tout entier connaît son histoire, et j'affirme qu'il serait encore plein de force sans le démon des voyages qui l'a poussé un jour à voir Paris. Le malheureux !

Et pendant que mon ami Ceballos enfonçait son couteau dans le col nerveux du Péruvien, je ne pouvais me lasser de contempler ce cadavre, qui était mort deux fois, et ce savant, dont la main savait suspendre l'œuvre fatale des destinées humaines.

Une conversation scientifique
Les continents, les îles, les rochers de corail ;
Les polypiers, bâtisseurs sous-marins.

VIII

LES BATISSEURS DE MONDES

ES salons de l'ambassade d'Espagne. Des fleurs, des femmes, des parfums. Un chatoiement de gazes, de velours, de satins et d'épaules. Un éblouissement de croix, de dorures, de pierreries. Trop, beaucoup trop de diamants. Des Andalouses belles à damner. Une Japonaise très-mignonne et fort remarquée, au bras d'un diplomate, qui paraît tout fier de promener parmi les groupes cette beauté de l'extrême Orient. Quelques Américaines du Sud; une surtout, blonde comme les moissons et plus blanche que le lait.

— *Muy bonitas; me gustan todas!*

On parle beaucoup de Paris et de la France. La jeune fille d'un banquier cubain, débarquée la veille, demande pourquoi les Français ont mis à leur tête le maître-caricaturiste du *Journal amusant*. — Adorable crayon, dit-elle.— Et de première force aux dominos, ajoute quelqu'un.

— Au billard aussi.

— Qui? Grévin?

— Non, señorita, le chef de l'Etat. — Merci!

Seul et dépaysé dans cette foule, je regarde, j'écoute, j'admire. Pas une tête amie, pas un gilet de connaissance. Vers minuit, je bats en retraite vers le buffet, assiégé comme il convient. Ah! le joli gazouillis madrilène qu'on entend là! Et quelles adorables intonations ont ces voix chaudes, quasi viriles, entre une tranche d'ananas glacé et un verre de porto. *Muchas gracias, caballero !* De vraies grenades entr'ouvertes, ces bouches gourmandes. Velasquez, Murillo, Zurbaran, voilà vos vierges et vos madones en train de boire, de rire et de luncher.

— Comment! vous ici! s'écrie une voisine dont, gauchement, je piétinais la traîne de tulle lamé d'argent.

Je me retourne : c'est la baronne d'Infandum Regina.

— Mon Dieu! oui, madame, vous voyez : je cherche des impressions naturalistes.

— En avalant des sandwichs?

Elle prend mon bras :

— Venez et causons. Ces hidalgos sont charmants, mais j'ai assez de leur baragoin. Ce que j'ai dansé!... Conduisez-moi vers le petit salon bleu, nous y ferons des potins français.

— Ouf! dit-elle en se laissant tomber sur une duchesse. Je m'installe respectueusement à sa gauche. — Vous avez là, chère madame, une merveilleuse parure de corail rose! — Encore des fadeurs! Vous êtes le dixième depuis une heure. Autre chose, je vous en prie. Racontez-moi une de vos histoires de petites bêtes. — Quoi! dans ce bal? — Oui, certes; ce sera nouveau, original, amusant. — Oh! amusant!... — Si, si; allez, je suis tout oreilles, monsieur mon conférencier.

— Soit, je m'exécute. Et puisque vous avez pris pour un compliment l'hommage rendu à votre collier, je vais vous infliger l'histoire des animaux qui l'ont fait.

D'un gracieux mouvement de tête elle marqua la mesure de la valse d'*Yedda*, et, bercé par ce rhythme exotique, je commençai :

« Vous aimez la mer, baronne. L'an dernier, au mont Saint-Michel, je vous ai vue bravement fouiller de vos jolis doigts le sable gris, à la recherche d'une coque ou d'un lançon. Mais ce que vous savez d'elle, ce que vous ont appris les côtes normandes, si douces, et les récifs bretons, si âpres, si sauvages, est peu de choses. — C'est au large, dans les longues traversées, jour et nuit en face de l'immensité verte, qu'on devient vraiment amoureux de la mer. Je le suis, et devant vous, j'ose le dire. Là, tout est étrange, grandiose et sublime. A la surface houleuse, comme au fond des gouffres où nul rayon ne pénètre, s'agite un nombre prodigieux de géants et d'infiniment petits.

J'ai vu des plongeurs se dépouiller de leurs scaphandres, tout pâles, tout tremblants au souvenir des spectacles de l'abîme, dont ils n'ont pourtant vu que le seuil. Au-delà, mystère! D'après Ross, des sondages ont accusé dans l'Océan austral vingt-sept mille pieds. Denham parle de quarante-six mille! Quels êtres vivent au sein de ces ténèbres, quels organismes résistent à ces pressions de plusieurs centaines d'atmosphères? C'est l'infini, n'est-ce pas? Le chaos, peut-être? Non, c'est le laboratoire des mondes, le berceau d'un peuple qui, tôt ou tard, viendra réclamer sa place au banquet de la lumière et de la vie!

« Ce corail, — *fleurs de sang*, disent les Orientaux — qui s'harmonise si bien avec votre chevelure brune et votre teint de Gauloise, a vécu dans ces profondeurs. Plante, animal et pierre, c'est lui qui prépare lentement, atome par atome, molécule par molécule, le sol où nous aimons, où aimeront, dans des siècles, nos descendants. Pourquoi ce doute? Ignorez-vous que Paris est bâti sur le fond d'une mer, qu'une partie de l'Allemagne repose sur des bancs de corail?...

— Je ne doute pas, je m'étonne. Expliquez-moi.

« Avez-vous remarqué, le soir, l'éclat phosphorescent des vagues qui viennent doucement clapoter et mourir au rivage? Il semble qu'une myriade d'étincelles s'élance du milieu des eaux. Frappez-les d'un bâton. Un torrent de flammes jaillit sous le choc. Ce sont des êtres. Le microscope a permis à Freycinet d'en compter quarante millions dans un décimètre cube d'eau marine. Enfermez cette eau dans un verre. Elle est limpide et sans tache, en plein soleil. La nuit, c'est un peuple immense qui se donne une grande fête d'amour, éclairée *à giorno*. Eh bien! ce peuple invisible, dont vous concevez à peine la petitesse, qui remplit d'un pôle à l'autre les plaines de l'Océan, est relativement haut placé sur l'échelle des créatures. Il y a plus imparfait que lui. Tout au fond, dans ces abîmes noirs dont je vous parlais tout à l'heure, gisent de prodigieux amas de mucus vivant, où nul objectif ne découvre la moindre trace d'organisme. C'est une gélatine, une chair liquide, rudiment d'animal ou de plante, qui n'a ni tête, ni cœur, ni veines, ni membres, ni nerfs et qui vit, qui sent! Jeté dans la mer, comme une inépuisable provision de force créatrice, ce ferment peu à peu se transforme, bourgeonne, s'individualise. Un tube paraît ; une bouche s'ouvre, un estomac s'arrondit, des tentacules s'épanouissent Voilà un être parfait. *Zoophyte*, disent les savants, c'est-à-dire animal et végétal, qui mange et qui fleurit, qui se greffe et s'accouple, qui a deux sexes, se reproduit par chacun des morceaux que l'on divise, avale et digère par le même trou, naît de son cadavre, et recommence à vivre quand on l'a retourné, comme un gant, de dedans en dehors!

« Ce sac, cette poche grossière, est mon patient créateur d'îles, de continents, de montagnes. Du sein de ce mucus qui lui a donné, à d'insondables profondeurs, l'être, le mouvement, le *moi*, il se dégage et devient libre. Un de ses semblables, errant comme lui, l'étreint. Le voilà double, mais toujours un. La même bouche les nourrit tous deux. D'autres individus les rejoignent, se soudent. — Tous ces frères siamois se mettent à vivre à l'unisson. Une colonie puissante s'établit ainsi, sorte de phalanstère où la fraternité la plus parfaite sert de lien commun, où le plaisir et la peine sont également partagés entre tous, où l'indigestion d'un seul rend tout le monde malade, où la plus mince proie capturée par l'un se divise en autant de portioncules qu'il y a de ventres. — Union touchante! Le frère mort est dévoré par ses frères, la même épouse reçoit les caresses de chacun....

« Autour du rocher où cette république idéale a jeté les bases de son gouvernement, d'admirables tableaux se déroulent. — Voyez : Le sol est jonché d'étoiles, d'anémones, de cariophyllies, ces roses et ces œillets de la mer. Une flore merveilleuse, étrange, revêt les nudités sombres du fond granitique, contemporain des pénibles enfantements du monde. Des gorgones, des plumaria, lianes vivantes, s'enroulent hardies autour des éponges où fourmillent des milliers de polypes. Suspendues au-dessus de cet Eden impénétrable, des méduses l'illuminent de leurs feux changeants. Tout cela se meut, s'enlace, travaille, fait, défait et recommence sans cesse la grande œuvre de la vie !

« Peu à peu, par le lent ouvrage des siècles, le fond s'exhausse de mille débris. Un polypier grandit de tous les cadavres amoncelés sur le roc où le premier couple prit racine. La dépouille solide des morts reste intacte après que les frêles architectes ont péri. De nouvelles couches de chair et de calcaire se déposent, traversent les gouffres, s'élèvent vers la lumière, et toujours bourgeonnant, naissant et pullulant, atteignent la surface des vagues. Combien de temps faut-il pour le développement de ces gigantesques travaux ? D'après l'amiral Hunt, les polypes n'auraient pas mis moins de 864,000 années pour élever, de l'Est à l'Ouest, les bancs de la Floride, et la Péninsule elle-même, du Nord au Sud, aurait coûté 5,400,000 ans ! — Qu'importe le temps à ce pygmée créateur. L'éternité est à lui !

« Parvenu à la crête blanchissante des flots, l'écueil, le récif vivant à rempli son but. Alors il cesse de s'élever. Comme le cèdre du Liban, il étend et incline ses rameaux, jusqu'à ce que la sève soit épuisée. Mais, sous l'action de l'atmosphère, cet immense charnier devient le théâtre d'une autre série de phénomènes. Les poussières, les atomes de l'air se déposent à sa surface rugueuse. Les algues, les varechs y forment un humus fécond, où les graines apportées par le vent trouveront des sucs nourriciers. Le naufrage y jettera les épaves d'une cargaison de céréales. L'oiseau, l'insecte, y laisseront le germe d'un arbrisseau, le pollen d'un palmier. Une riche végétation couvrira cette île, dont un ver gélatineux a posé les assises, à deux mille mètres plus bas. Et, quelque jour, l'homme, cet autre créateur, peuplera de hameaux, de villes, de palais, ces terres conquises sur l'Océan ! »

En disant ces mots, je m'avisai de regarder ma jolie auditrice, dont la tête se penchait, gracieuse, sur son sein demi-nu. Un petit bruit régulier m'avertit. Pauvre orateur, il y avait beau temps que ton public était parti pour le pays des rêves !

Plein de respect pour le sommeil calme et doux de Mme d'Infandum Regina, je repris gravement, sur le même ton, mon cours de physiologie sous-marine, et j'allais le couronner par une éloquente péroraison lorsque, à côté de moi, j'entendis deux voix de femme murmurer : C'est un vieux savant qui flirte avec la baronne Regina !

IX

LA HOUILLE

Vu la nuit, du wagon, — alors que tous ses fourneaux sont en feu et que dix mille ouvriers, noirs démons, s'agitent au milieu des flammes, — le Creusot rappelle un de ces cercles de l'Enfer décrits par le Dante. L'atmosphère paraît embrasée; d'effrayantes gerbes rouges, rayées d'éclairs, jaillissent par centaines des cheminées invisibles; des myriades de fenêtres s'allument et s'éteignent; le souffle puissant des machines emplit l'air de bruits saccadés, rauques; un fantôme ardent — la coulée — apparaît tout à coup sur un coin sombre qui s'illumine; des ruisseaux de métal aveuglant roulent et se tordent, semblables à des dragons irisés de reflets multicolores; autour d'eux, l'œil épouvanté voit danser les silhouettes fantastiques de ces hommes que Mme de Sévigné a dépeints dans une de ses lettres, et qui, maigres, hâves, inondés de sueur, lui firent l'effet d'animaux à demi-sauvages, créés tout exprès pour cette infernale vie.

« C'est une humble pierre, dédaignée pendant des siècles, qui a peuplé ces régions de fournaises, de forgerons et de mineurs. Saint-Étienne, Rive-de-Gier, Givors, Épinac, Blanzy, bourgades inconnues jadis, doivent à la houille leurs puissantes usines et les trésors qu'elles distribuent sur tous les points du territoire français. Partout où le pic du travailleur a rencontré le charbon fossile, la vie s'est répandue, la fortune a surgi, la prospérité a pris la place des souffrances et de la misère ! »

Ainsi parlait, au coin du feu un savant ingénieur de mes amis. Entraîné par son sujet, mon compagnon prit entre le pouce et l'index un fragment de houille, et l'élevant jusqu'à mes yeux :

« Ceci, reprit-il, est mille fois plus précieux pour l'homme que l'or, les diamants et les perles. Après avoir fondé des cités populeuses, ce noir combustible les a dotées de ressources infinies. Sans lui, nos rues seraient plongées dans les ténèbres favorables aux coupe-jarrets ; les vaisseaux qui sillonnent l'Océan, les trains qui permettent aux nations d'échanger les richesses de leur industrie, empruntent à ce minéral leur foudroyante vitesse ; l'Angleterre n'est puissante que par lui ; la Belgique n'est riche et libre que par lui ! Il n'est plus, grâce à lui, de frontières pour la pensée qui, d'un trait, vole aux quatre coins de l'univers.

» Ouvrier infatigable, il met en branle des millions de bras d'acier, automates dociles qui tordent le chanvre et la soie, sculptent le cuivre et le bois, façonnent la pierre, exécutent avec une précision merveilleuse les travaux les plus gigantesques comme les œuvres les plus délicates !

» Voyez ces étoffes chatoyantes, qui semblent retenir dans leurs plis les couleurs de l'arc-en-ciel ; ces bleus profonds, ces pourpres intenses, ces jaunes éclatants, ces violets admirables de ton et de solidité ; toutes ces nuances qui font pâlir les fleurs, dérivent du goudron de houille. Et ce *vert-lumière*, que les lustres ne modifient pas ; et ce noir d'aniline, qui fixe à jamais l'image photographique sur des papiers sensibilisés ; et ces orangés si subtils qu'un décigramme suffit à teindre un million de mètres de soie ; et ces encres qu'emploient la gravure, la typographie ; et ces benzines, ces essences, qui rendent à nos vieilles étoffes la fraîcheur des premiers jours ; et ces parfums délicats qui, sous forme de nitro-benzine, donnent à nos confiseries le goût de la poire et de l'ananas, aromatisent nos savons et nos

Le malheureux mineur, descendant dans des puits qui ont
jusqu'à vingt fois la hauteur du Panthéon, n'est jamais sûr de
revoir ses enfants.

eaux de toilette ; c'est la houille, étonnant Protée, qui revêt ces formes multiples. Un volume ne les énumérerait pas ! »

» Est-ce tout ? continua mon ami.

» Non. L'industrie n'est pas seule comblée des bienfaits de ce vil charbon, qui tache mes doigts. L'hygiène et la thérapeutique exaltent encore ses avantages ; du goudron de houille, les chimistes ont extrait le phénol et l'acide phénique, agents souverains de purification ; s'il faut en croire certains spécialistes, ces produits seraient épuratifs et fortifiants ; ils arrêtent toute décomposition organique ; ils assainissent les hôpitaux, préservent de la contagion épidémique ; une goutte d'eau phéniquée neutralise complétement le venin des reptiles. Administré à l'intérieur, c'est un soporifique, un actif destructeur des vers intestinaux et des différents parasites qui attaquent la peau de l'homme. Sous forme d'inhalation, le goudron est encore plus précieux ; et des médecins distingués s'accordent à reconnaître son efficacité dans les affections pulmonaires. « Chose singu-« lière, s'écrie M. Amédée Tardieu, la combustion de la « houille a contribué puissamment à empester l'air par les « produits perdus qu'elle dégage, et c'est précisément « dans cette combustion que nous allons chercher l'acide « phénique, antiseptique de premier ordre. Comme si la « nature se préoccupait toujours de mettre le remède à « côté du mal, pour que l'équilibre des forces soit main-« tenu ! »

» Mais le génie de l'homme excelle dans le mal comme dans le bien.

» La science, qui a transformé la houille en lumière, en moteur et en panacée, devait aussi la métamorphoser en une substance plus meurtrière que la poudre. Les fulminates, qui donnent aux torpilles sous-marines leur irrésistible pouvoir brisant, les picrates, qui naguère faisaient sauter deux maisons rue Béranger, et qui, dix ans auparavant, couvraient la place de la Sorbonne de lambeaux ensanglantés, dérivent aussi du charbon que voilà. Pour causer ces désas

tres, une étincelle, un léger choc a suffi. Triste parallèle,
qui met encore une fois en présence l'art de guérir et l'art
de tuer, et dégage deux effets adverses de la même cause! »

Comme j'écoutais ces mots, la terrible catastrophe de
Frameries s'offrit à ma pensée vagabonde

— Croyez-vous, demandai-je à l'ingénieur, que ces épouvantables drames pourront être un jour évités, et que, grâce
aux progrès de la mécanique, le mineur explorera sans péril
ces galeries souterraines, d'où les millions ne jaillissent
qu'au prix de cruelles hécatombes?

— Hélas! non, me répondit-il. Chaque jour, avec l'effrayante consommation de la houille, qui se chiffre par plus
d'un milliard de tonnes, la vie du mineur court de plus
grands dangers. Les filons s'épuisent; les galeries, succé-
dant aux galeries, pénètrent plus profondément dans les
entrailles de la terre. Il est des puits qui ont vingt fois la
hauteur du Panthéon! Pour arracher le précieux combustible à ces abîmes sans air, l'ouvrier qui s'y enterre vivant
doit lutter contre des ennemis de plus en plus redoutables.
La combustion spontanée de la houille — produit d'une fermentation dont on ne connaît pas la cause; — le grison,
compagnon mortel qui peut détonner à chaque instant sous
le choc du fer; l'asphyxie, que de puissantes machines d'aé-
ration ne parviennent pas à prévenir; l'eau, qui vient anéantir dans une minute des centaines d'êtres vivants et des
ouvrages séculaires; le feu, soudainement allumé d'un bout
à l'autre d'une mine par l'explosion d'un trou de sonde, tous
ces éléments aveugles menacent le malheureux mineur; il
n'est jamais sûr, après une journée de fatigues sans nom, de
revoir ses enfants et le ciel bleu. Si une catastrophe éclate,
comment le secourir? A une lieue sous terre, quels moyens
employer pour rendre à ses poumons l'air respirable? Sous
un éboulement de plusieurs milliers de quintaux, quels mécanismes mettre en œuvre pour dégager à temps sa poitrine
et faire parvenir jusqu'à ses yeux la lumière bénie du soleil?
— Il faut l'abandonner là, dans ce tombeau, et comme à

Frameries, laisser cent hommes pleins de vie dans les ténèbres de l'éternité!...

Mais la science progresse à pas de géant. Elle a prévu l'instant où les immenses dépôts de combustible fossile seront épuisés. Lorsque les usines de l'avenir auront absorbé, par les gueules d'innombrables fourneaux, et rendu à l'atmosphère, en torrents de fumée, ces trésors enfantés par elle depuis les origines du monde; lorsqu'une miette de houille sera plus recherchée que le diamant, l'homme assouplira à ses moindres volontés les forces motrices du vent, du soleil, de la mer et des fleuves.

Vous souvenez-vous du cri d'alarme que poussèrent, il y a quelques années, les géologues affirmant que la houille ne devait durer que deux siècles, et qu'après, faute de gaz, nos cités seraient plongées dans la nuit? Une lumière bien plus étincelante, celle de la foudre, remplace déjà les rayons qui firent l'admiration de nos pères. De rapides convois, mus par l'air comprimé, sillonnent nos places publiques; la chaleur solaire, emmagasinée dans des réflecteurs puissants, donne la vie à des machines surprenantes. Et qui sait? Peut-être qu'avant la fin de notre génération, grâce aux conquêtes du génie humain, nos infatigables savants tireront de l'eau, de l'air et du ciel, toutes les ressources indispensables au bien-être des sociétés, et utiliseront toutes les forces éparses dans l'immensité!

X

RETOUR DU POLE

—

Je confesse qu'à la dernière séance de la Société de géographie, en pleine lecture d'un rapport sur l'exploration du Zambèze, la chaleur lourde du poêle aidant, je m'étais endormi comme un lâche.

Au milieu de cette béatitude coupable où, malgré moi, je m'abandonnais, j'eus un rêve...

La fille du roi des Nyams-Nyams, vêtue d'une feuille de bananier, avait demandé ma main au gouvernement. Echange de notes diplomatiques, invitations officielles, publications des bans, etc. J'allais être l'heureuse moitié d'une Vénus couleur cachou, le repas fumait dans les calebasses, enfin — détail absurde du songe — je devais figurer sur ma propre table en qualité de rôti. A l'instant fatal, un grand diable de Vatel noir et nu prit sa terrible broche et me l'allait passer dans le sens longitudinal à travers la fressure, lorsque je me sentis doucement secoué par le voisin. Il était temps. J'ouvrais déjà la bouche pour crier : « A la garde ! »

Une minute après, dûment guéri de la peur et du sommeil, je me rembarquais avec l'orateur sur le Zambèze, aux rives peuplées d'éléphants, de crocodiles et d'hippopotames. Le voisin, derechef, me prit par le bras :

— Voyez-vous, là-bas, dit-il à mon oreille, ce monsieur maigre et blond, aux favoris de marin ? Troisième rangée de chaises, à la droite du président ?

— Je vois, dis-je, après avoir suivi son regard.

— Eh bien! tel que vous le voyez, ce monsieur est l'honorable Ludwig Kumlien, naturaliste, de l'Université de Prague, qui vient de passer seize mois au Pôle, entre le 75e et le 82e parallèle...

J'enveloppai d'un coup d'œil avide l'explorateur. C'était donc là un de ces pionniers héroïques que tente le grand inconnu polaire, et qui s'en vont, depuis plus de trois siècles, affronter la mort au milieu des glaces où dorment tant de martyrs!

— M. Kumlien est descendu hier à l'hôtel Continental, reprit mon obligeant voisin. Je lui ai parlé de vous; c'est le meilleur et le plus affable des hommes. Après la séance, je vous présenterai, et s'il vous plait de connaitre les péripéties du voyage extraordinaire qu'il vient d'accomplir...

Je me confondis en remerciements. Nous dîmes adieu au Zambèze, et, grâce à une fugue adroite, le voyageur arctique, mon voisin et moi, nous nous retrouvâmes sur le boulevard, bien avant la fin des solennelles histoires de moricauds qui m'avaient donné le cauchemar.

— Oui, monsieur, commença l'honorable émule des Ross, des Parry, des Franklin, des Bellot, des Nordenskiold: je viens de prendre part à l'une des plus douloureuses, sinon des plus longues expéditions au Pôle boréal. Vous êtes le premier français à qui je raconte cette triste campagne et je m'en félicite, puisque, grâce à vous, tout le monde la connaîtra demain...

J'esquissai un salut.

— « Nous sommes partis le 2 août 1878 de New-London (Connecticut) sur le brick *Florence*, capitaine George Tyson, avec vingt hommes d'un courage éprouvé, un géologue, un botaniste, un médecin et des provisions pour deux ans. Le but de notre voyage, en outre des observations scientifiques et des collections à recueillir, était de fonder une colonie et un havre de ravitaillement au détroit de Smith, par 82 degrés de latitude Nord. Une goëlette de la marine des Etats-Unis devait nous rejoindre après l'hivernage, et notre troupe, renforcée de ce contingent, pourvue de vivres, d'instruments, de traineaux, d'un ballon, avait l'ordre de marcher en avant jusqu'au 87e parallèle. Nous étions décidés à vaincre ou à mourir! Et croyez qu'il faut avoir l'âme chevillée pour oser aborder ces éternelles barrières de glace, où tant de vaillants ont usé leurs forces et leur courage au milieu de souffrances sans nom!

— « Le 15 septembre suivant, nous atteignîmes le golfe Cumberland.—La température moyenne était de 40 degrés au dessous de zéro. L'équipage construisit une maison de glace, la meubla de quelques barils, de deux poêles et d'une caisse de salaisons. C'est là que nous avons grelotté et gémi durant quarante mortelles semaines, le visage collé aux poêles rougis, la barbe hérissée de glaçons, rongés par le scorbut, mais toujours fermes et résolus.

— « Avez-vous quelque idée des paysages polaires ? me demanda le narrateur en interrompant son récit.

— « J'ai lu Jules Verne, répondis-je timidement.

— « C'est bien! J'abrège alors ma description. Ecoutez :

« Des montagnes de glace, des plaines de glace, des îles de glace. Un jour de six mois; une nuit de six mois, nuit effrayante et silencieuse. Un ciel incolore où flottent, poussées par la bise, des aiguilles pénétrantes de givre; des amoncellements de rochers sauvages, où nulle herbe ne croît; des châteaux de cristal en ruines qui s'élèvent et s'effondrent soudain, avec d'horribles craquements; un brouillard épais, qui tantôt descend comme un suaire sur le sol changeant, et tantôt s'évanouit en montrant aux yeux épouvantés de fantastiques abîmes...

« Pendant le jour unique, le soleil fait resplendir la glace d'un éclat aveuglant. Elle se fend et se divise. Les montagnes s'émiettent en mille débris. Les plaines craquent et se séparent en îles. Tous ces tronçons se heurtent avec des grincements qu'on ne peut entendre sans effroi. C'est un chaos de bouleversements sans fin, de bruits sinistres et de détonations inattendues.

« Puis la nuit, une nuit éternelle, succède à ce jour énervant. Les ténèbres s'étendent, au milieu desquelles on distingue des fantômes immenses, qui lentement se meuvent dans l'ombre. Dans cet isolement profond que toute nuit porte avec elle, l'esprit du voyageur polaire, sa raison même ont à subir d'étranges assauts. Le jour, il comprend les chocs de deux glaçons et le fracas qui en résulte. Le soleil est là, c'est encore la vie. Mais la nuit, ces mornes et froids déserts lui apparaissent comme ces espaces incréés et chaotiques que Milton a placés entre l'empire de la vie et celui de la mort. Les longs hurlements de la glace qui se soude le remplissent d'épouvante. Des précipices qu'il ne peut mesurer du regard s'ouvrent à ses pieds. Autour de lui, les escarpements se dressent, les plaines liquides se solidifient, la route du salut se ferme... Et le froid descend toujours!

« Au milieu des éblouissements du martyr, dans cette espèce de fantôme de la vie, pendant cette léthargie qui l'étreint et le paralyse, apparaît, comme complément au rêve, la fantasmagorie sanglante de l'aurore boréale.

« Le ciel noir s'éclaire tout à coup d'une immense lueur. Un arc plus vif s'arrondit sur ce fond de flammes. Des rayons en jaillissent; mille gerbes s'en élancent. C'est une lutte de dards bleus, rouges, verts, violets, étincelants, qui s'élèvent, s'abaissent, cherchent à se dépasser, éclatent et se confondent. Le phénomène pâlit. Mais, dernière féerie, un dais splendide, la *couronne*, s'épanouit au sommet de toutes ces magnificences. Les rayons blanchissent, les teintes se dégradent; le phénomène est terminé. »

Nous étions littéralement suspendus aux lèvres de l'honorable narrateur, qui reprit sur le même ton tranquille et froid :

— « C'est au milieu de ces terres désolées, en face de ces spectacles terrifiants et grandioses, que nous avons passé l'hiver de 1878-79. D'autres phénomènes, assez fréquents dans les régions polaires, variaient de temps en temps les tableaux étranges qui se déroulaient sur nos têtes. Tantôt le soleil nous paraissait double, difforme, et tantôt quatre ou huit lunes se levaient à l'horizon. Des troncs d'arbres fossiles, venus on ne sait d'où, s'enflammaient par le frottement violent des glaces. Des colonnes de fumée s'élevaient ainsi dans le brouillard, nous donnant l'illusion d'un campement d'êtres humains. Quelquefois, un mirage trompeur nous dévoilait de riantes campagnes, couvertes de bouleaux et de verts gazons. Nos hommes s'élançaient, mais une muraille de banquises était là, et après elle c'était encore et toujours la plaine glacée, les roches nues, et la mer sans bornes, semée d'îles mouvantes, sous le choc prodigieux desquelles notre pauvre navire semblait prêt à s'engloutir...

« Bientôt, l'hiver sévit dans toute sa rigueur. Le thermomètre descendit à — 52 degrés. Notre abri misérable disparut sous quatorze pieds de neige, et des vents impitoyables, chargés de grêlons aigus, nous forcèrent, sous peine de mort, à entretenir jour et nuit de charbon et d'huile de phoque les deux poêles qui conservaient un peu de chaleur à notre sang.

« Je m'amusai, un jour, à faire glacer du mercure et à le battre sur une enclume. Notre eau-de-vie, congelée, avait l'aspect d'un bloc de topaze. La viande, l'huile et le pain se divisaient à coups de hache. Josuah, le maître d'équipage, oublia un soir de mettre son gant droit. Une minute après, sa main était gelée. Pour ranimer la circulation, le pauvre diable voulut tremper ses doigts inertes dans de l'eau tiède. Elle se couvrit aussitôt de glaçons, et le docteur dut couper le membre mort de notre infortuné compagnon, qui mourut le lendemain, dans une affreuse agonie. Et cela n'était rien encore! Nous attendions la fin des frimas pour nous lancer en avant dans l'inconnu, à la recherche de la mer libre et de plus terribles périls!

« Vers le milieu de janvier, une caravane d'Esquimaux vint nous demander quelques poissons secs et de l'eau-de-vie. Nous joignîmes du tabac à ces maigres présents, qui furent acceptés avec des larmes de joie. Le chef de ce clan, vieillard débile, originaire de la côte du Labrador, nous

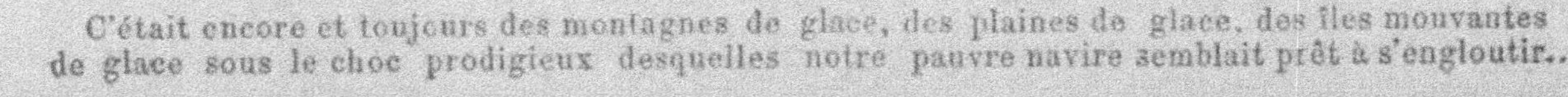

C'était encore et toujours des montagnes de glace, des plaines de glace, des îles mouvantes de glace sous le choc prodigieux desquelles notre pauvre navire semblait prêt à s'engloutir...

conta que le mois précédent, il avait mangé sa femme et ses deux garçons, « n'ayant plus rien autre chose. » — O races déshéritées, qu'avez-vous donc fait au Ciel, et quelle vengeance est poursuivie sur vos têtes !

« Enfin, le soleil perça les brumes de ce funeste hiver. Le 20 mai 1879, nous essayâmes de mettre le nez à l'air printanier. Des renards bleus rôdaient autour de notre abri, et se chauffaient les pattes contre les tuyaux des poëles. Nous en abattîmes deux ou trois. Le thermomètre regagna les hauteurs de dix degrés et les savants de l'expédition purent reprendre leurs travaux.

« Parvenus en traîneau jusqu'au 83ᵉ parallèle, le docteur Sherman, le capitaine Tyson et moi nous découvrîmes, à trente-cinq milles au nord de l'île Disco, un riche gisement de houille, des argiles pétries de coquilles, et des schistes où abondaient les empreintes fossiles de végétaux inconnus. J'ai recueilli ainsi plus de six cents espèces de dicotylédonés, d'arbrisseaux à fleurs et à fruits qui devaient former une séduisante parure dans ces régions, aux époques antéhistoriques. En même temps que notre herbier fossile s'enrichissait, de nombreux spécimens de roches et de minéraux, étiquetés par M. Sherman, complétaient nos trésors. Le monde savant nous devra de précieuses découvertes !...

« Voilà, messieurs, ce que nous avons fait. Après quatorze mois de privations, de fatigues et de dangers dont vous ne pouvez même concevoir une faible idée, nous revînmes sur nos pas, laissant deux des nôtres ensevelis dans la glace. Partis du havre d'Annanactuc, le 2 septembre de cette année, nous jetâmes l'ancre le 26 octobre à Princetown, heureux de retrouver nos amis, nos familles et nos foyers. L'inconnu arctique est toujours environné des mêmes mystères. La mer libre du pôle, entrevue par Mac Clure, est toujours vierge de la quille d'un navire, et bien des martyrs sèmeront encore de leurs os cette voie douloureuse, inutilement parcourue depuis 1458 par d'intrépides navigateurs ! »

— Mais cette mer libre, demandai-je, ce passage commercial entre le détroit de Behring et celui de Davis, seront-ils jamais praticables?

— C'est le secret de Dieu, répondit sentencieusement M. Kumlien. Mais en admettant que cet impénétrable océan soit un jour franchi par l'homme, celui-ci trouvera la mort dans sa victoire, et le passage du pôle n'offrira jamais, au commerce du monde, aux relations des peuples, un avantage sérieux. La curiosité scientifique seule sera satisfaite, et c'est tout!

XI

QU'EST-CE QUE LE SOMNAMBULISME ?

Il y a juste un siècle, le célèbre physiologiste allemand Mesmer découvrait et définissait en ces termes le principe excitateur du mouvement et de la vie :

« Un FLUIDE universellement répandu, *qui pénètre tout,*
» qui est le moyen d'une influence mutuelle entre les corps
» célestes, la terre et les êtres animés, vient de se révéler à
» moi. Après douze années d'observations, j'ai reconnu dans
» le corps humain des propriétés *analogues à celle de l'ai-*
» *mant, des pôles* également divers et opposés. Ayant alors
» appliqué des *pièces aimantées* sur l'estomac et aux membres
» de mes malades, j'ai déterminé en eux des *courants dou-*
» *loureux d'une matière subtile* qui, après différents efforts,
» *ont déplacé et fait disparaître les accès.* »

Ce fluide, cet agent mystérieux, Mesmer l'appela MAGNÉ-TISME.

Mais ébloui par sa conquête, le novateur alla jusqu'à prétendre que « le magnétisme était un moyen universel de *préserver* les hommes. » Cet écart de son génie le perdit. Certaines cures extraordinaires opérées par lui, grâce à des pratiques qui tenaient de la magie, le firent considérer par les corps savants comme une sorte de bateleur. Il fut mis au ban de la médecine, et, le 12 août 1784, une commission chargée par le roi d'examiner ses découvertes, rendit un arrêt sévère qui condamnait le magnétisme et repoussait comme indigne son immortel inventeur.

Je crois devoir reproduire en entier les conclusions de ce curieux document. Le public intéressé dans ce grand débat qui, depuis cent ans, a soulevé tant de passions, tant de controverses, me saura gré d'avoir placé sous ses yeux l'une des pièces capitales du procès :

« Les commissaires soussignés, ayant reconnu que le fluide magnétique animal *ne peut-être aperçu par aucun de nos sens,* qu'il n'a en aucune action ni sur eux-mêmes, ni sur les malades qui lui sont soumis; s'étant assurés que la pression et les attouchements occasionnent des changements rarement favorables dans l'économie et des ébranlements toujours fâcheux dans l'imagination ; ayant enfin démontré, par des expériences décisives, que l'imagination sans magnétisme produit des convulsions, et que le magnétisme sans l'imagination ne produit rien.

« Ils ont conclu d'une voix unanime que RIEN *ne prouve l'existence du fluide magnétique animal ;*

« Que ce fluide *sans existence est par conséquent sans utilité* ; que les violents effets que l'on observe au traitement public appartiennent à l'attouchement, à l'imagination et à cette imitation machinale qui nous porte malgré nous à répéter ce qui frappe nos sens. Et en même temps ils se croient obligés d'ajouter que les attouchements, l'action répétée de l'imagination, pour produire des crises, peuvent être nuisibles, que le spectacle de ces crises, est également dangereux, et que par conséquent tout traitement public où les moyens de magnétisme seront employés ne peut avoir que des effets funestes.

« *Ont signé* : Benjamin FRANKLIN, LE ROI, BAILLY, D'ARCET, GUILLOTIN, LAVOISIER. »

Les princes de la science avaient parlé. Le magnétisme était mort. Désormais, tout praticien qui invoquerait son action serait un charlatan, que dis-je, un criminel !

Récemment, M. Charcot, — un autre prince de la science, — s'écriait comme Archimède à la suite de brillantes expé-

riences sur les pensionnaires de la Salpêtrière : « *Eurêka* !
Le magnétisme existe ! l'attouchement, la pression sur certains points, les vibrations d'un diapason, *l'application
d'un aimant* déterminent des phénomènes nerveux, *dont la
cause est inconnue*, mais qui peuvent être utilisés en médecine comme moyens curatifs. »

Et à l'appui de sa thèse, M. Charcot citait une malade,
atteinte d'une contracture hystérique de la main gauche, qui
avait vu son mal passer de ce membre dans la main droite
par l'effet de l'aimentation — ou du magnétisme — et finale-
ment disparaître.

Ainsi, à cent ans d'intervalle, l'existence de ce fluide merveilleux est niée, puis affirmée par l'Ecole. Après Franklin
et Lavoisier, dont on vient de lire les solennelles déclara-
tions, les commissions déléguées par les académies pour
soumettre le magnétisme à l'épreuve ne cessent de poser aux
disciples de Mesmer le dilemme suivant : « Ou vous rendrez
le magnétisme palpable, ou nous n'y croirons pas. »

Magendie, l'illustre Magendie, s'écrie dans un rapport
fameux : « Non-seulement le magnétisme n'existe pas, mais
son action est des plus dangereuses ! »

Le professeur Longet, dans son traité de physiologie, écrit
textuellement ceci : « Il a été question d'un fluide magnétique, mais son existence n'étant pas démontrée, nous n'en
parlerons pas. » C'est pour le même motif, au reste, que la
Faculté a rayé du cadre des études médicales le principe
vital, l'âme elle-même, « comme ne pouvant être suffisam-
ment démontrée. » Et c'est ainsi que la jeune école rationa-
liste s'enfonce chaque jour plus avant dans le dédale de la
matière, préférant une monade au Créateur, une molécule
chaotique à la suprême Intelligence, allant enfin, selon la
pittoresque expression du père Didon, dans sa conférence de
Saint-Germain-l'Auxerrois, « chercher nos ancêtres, non au
Louvre, parmi les glorieuses armures, mais à la rotonde du
Jardin des Plantes ! »

La question du magnétisme est donc nettement posée
entre Mesmer et ses détracteurs; entre l'Académie de

Paris, qui le répudie, et l'éminent professeur Charcot, qui l'accepte, le reconnait et l'adopte.

Sans doute, il y a bien quelque part, au fond de nous-même, un agent secret de ce nom-là. Mais comme nos yeux, doublés de puissantes lunettes, ne l'avaient point vu, que nos mains ne l'avaient pas touché, cet agent restait au rancart. Chassé du temple d'Hippocrate, honteux, bafoué, le pauvret s'était réfugié chez messieurs les charlatans. Ceux-ci le débitaient en fraude, ou l'exhibaient mystérieusement. Ce parfum de fruit défendu attira les amants du merveilleux, dont le nombre est grand, Dieu sait ! Aux portes des officines réprouvées, on vint, timidement d'abord, ensuite au grand jour, puis en foule. On finit par les assiéger. Bientôt le magnétisme eut pignon sur rue ; il devint puissance. D'illustres écrivains: Balzac, Frédéric Soulié ; de grands naturalistes : Cuvier, Jussieu ; de savants médecins : Berna, Deleuze, du Muséum de Paris ; Pigeaire, de Montpellier ; le marquis de Puységur se constituèrent ses patrons et ses défenseurs. Malgré l'arrêt de la Faculté, les phénomènes allaient leur train. A sa barbe, ils s'avisaient de guérir ! Le public, qui n'est point sot, y prenait goût. Et ce scandale ne finissait pas. Et la docte Académie ne cessait de fulminer l'anathème contre la nouvelle Église, traitant le culte de « jonglerie » et ses pontifes de « saltimbanques. »

Enfin, Malherbe vint ! — je veux dire M. Charcot. — Il était temps ! Le charlatanisme aurait tout envahi !

Certes, je ne veux point ici plaider la cause des marchands d'orviétan. Les somnambules extra ou intra lucides qui tiennent boutique de panacées ne m'inspirent aucune sympathie. Je ne refuse pas de croire aux charmes vainqueurs de Mlles Eva, Paquita ou Fatma, « élèves de Mlle Lenormand », mais je conteste leurs talents sybillins. Il m'est impossible d'oublier que l'une de ces dormeuses-debout m'a fait payer 20 francs — prix de faveur — de terribles confidences sur une « personne chère » qui me trompait, disait-elle, avec un officier de hussards. « — Je les vois !... Courez telle rue, tel étage, vous les surprendrez ensemble !»

Une simple mèche de cheveux de la « personne chère » suffisait pour cela. Et l'oracle était garanti. Or, sachez que cette mèche révélatrice, je l'avais, moi malin, coupée sur le dos de mon king-charles.

Vous pouvez juger des autres d'après ce trait.

Mais entre ces exploiteurs de la crédulité naïve de mes contemporains, et les somnambules véritablement doués, il y a un abîme. Je crois à ces derniers. C'est peut-être une faiblesse. Tant qu'on voudra. Ma faiblesse m'est chère. Elle se fortifie des découvertes de M. Charcot, lequel, entre nous, n'est qu'un demi-voyant. Car ce docteur n'a pas encore jeté son rabat de matérialiste. L'Ecole de Paris, qui envisage l'*organe*, et ne va jamais au-delà, parle encore par sa bouche. Il nous fait assister à de merveilleux phénomènes de somnambulisme ; il constate, comme Mesmer, de véritables propriétés magnétiques dans l'organisme, mais tout cela, selon lui, se rattache à de simples névroses, à certains troubles des fonctions cérébrales, à des manifestations de l'hystérie. Rien de surnaturel ni de mystique. La molécule, la matière, et rien de plus.

Vous connaissez les expériences. Je vais les résumer en dix lignes.

Les malades de M. Charcot ont des *foyers magnétiques*, des points sensibles qu'il suffit d'exciter pour déterminer une attaque. Il appuie son doigt sur l'un de ces points, aussitôt le sujet tombe en léthargie. La pression continuant, la catalepsie se déclare. Le corps humain devient alors une sorte de mannequin, obéissant à tous les caprices de l'opérateur. Les membres conservent la position qu'il leur donne. Les bras restent tendus, les mains crispées, comme ceux d'une statue. La sensibilité disparaît. Il semble que la vie soit absente. — Névrose.

S'il emploie un diapason métallique, fiché sur une caisse sonore, aux premières vibrations de l'instrument le sujet reste en extase, pétrifié. — Névrose.

M. Charcot rencontre dans la rue une de ses pensionnaires, parfaitement saine, d'ailleurs. Il la regarde dans le blanc des yeux. Voilà la jeune fille médusée. Une attaque nerveuse se manifeste avec accompagnement de léthargie, d'anesthésie, de catalepsie. — Névrose !

A l'aide d'un aimant, M. Charcot détermine le transfert d'une maladie d'un membre dans l'autre ; il provoque à volonté la paralysie partielle de son sujet, il la fait cesser à son gré. Il crée des troubles de la vision. Tel malade voit tout en gris. Un autre perd la notion des différentes couleurs du prisme. Et c'est encore l'aimant qui guérit ces maux étranges. — Névrose !

« Tous ces phénomènes, conclut M. Charcot, se rattachent à des altérations *encore inconnues* du système nerveux. » Et voilà pourquoi, monsieur, votre fille est muette!

Ce qui m'étonne, c'est que le savant professeur n'ait pas dit le premier mot de tout un ordre de phénomènes plus fréquents, peut-être, mais non moins extraordinaires. J'entends la *double vue* somnambulique, l'acuité miraculeuse de l'ouïe, du tact, de l'odorat, l'agilité prodigieuse, la force surhumaine, la supériorité intellectuelle qui se révèlent chez les sujets magnétisés. Chacun de nous a été témoin de ces faits. Au collège, j'avais un camarade qui faisait en dormant thèmes et versions. Faut-il ajouter: sans faute? C'est pourtant la vérité. Notez que ce garçon était, le jour, un cancre parfait. Un autre que vous allez me citer, se promenait la nuit sur la gouttière de son toit, aussi aisément que vous le faites dans ce salon. J'en sais un, qui tombé du cinquième étage sur le pavé, en plein sommeil magnétique, se réveilla sans une contusion, disant: « J'étais soutenu par des anges. » Et ainsi de même pour mille autres cas, que M. Charcot, sans faire injure à sa raison, n'expliquerait pas par les mots *névrose* et *hystérie*.

Mais M. Charcot est franc. Il avoue un *inconnu* dans les fait constatés. Je l'en félicite. Hypothèse pour hypothèse, voici la mienne:

Je crois à l'existence d'un agent indéfini, indéfinissable peut-être, qui sert d'intermédiaire entre notre substance matérielle et l'esprit immatériel qui nous entoure, nous

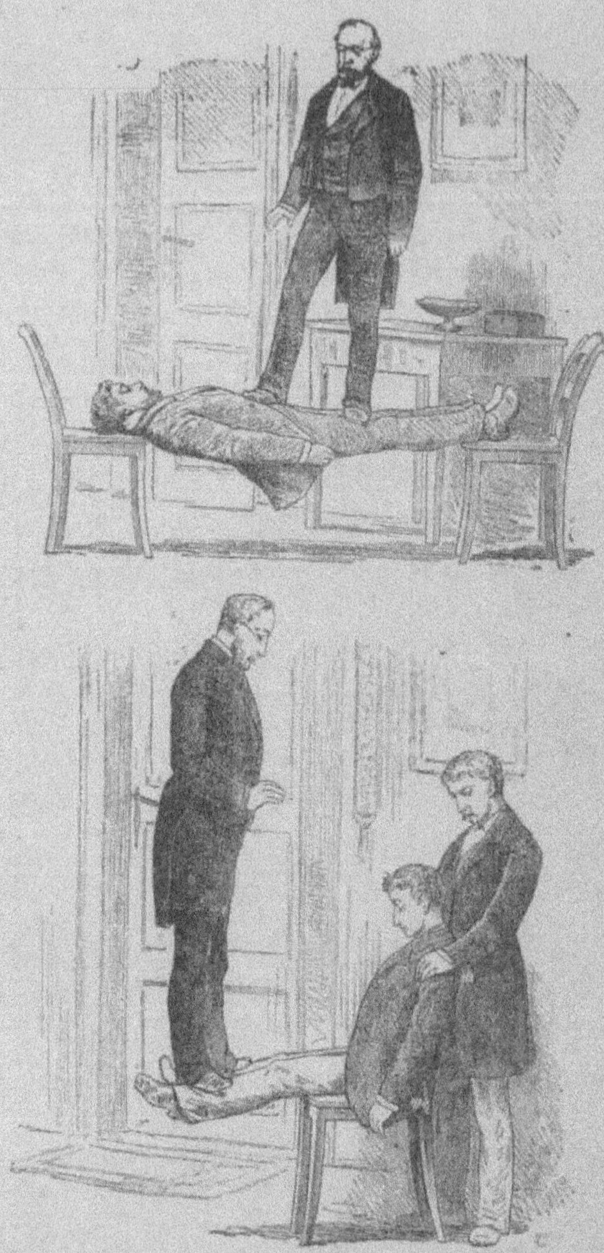

Rigidité cataleptique et Catalepsie partielle.
Expériences du Docteur Charcot.

pénètre et nous fait agir! Je crois au magnétisme qui est, comme la chaleur, l'électricité, la lumière, une des formes de cet agent. Grâce à lui, je crois que l'âme, à certains moments, se dégage de la matière et jouit de facultés plus parfaites; je trouve cette doctrine plus consolante, plus bienfaisante surtout que celle des organicistes. Elle me fait comprendre le génie, l'héroïsme et toutes les grandes vertus. Elle m'apprend la noblesse de mon origine, l'immortalité de mon esprit. Et, dût M. Charcot me traiter d'hystérique ou de névrosé, j'aime mieux rechercher dans l'espace radieux ma patrie et ma terre promise, que de crier: « papa! » au visage d'une guenon.

XII

EN BALLON LIBRE

....

Dans l'enceinte pavoisée, toute pleine de toilettes, de fanfares, de bruit joyeux, l'aérostat s'arrondit lentement et développe ses larges flancs zébrés. On admire ses proportions gigantesques, l'harmonieuse pureté de ses contours ; quatre mille têtes curieuses suivent, le nez en l'air, les ballons avant-coureurs; direction du vent, chance du voyage, périls de la descente, chaque groupe a son orateur qui pérore. Un savant fait à grands traits l'historique des ascensions célèbres, depuis des Rosiers, jusqu'à Sivel et Crocé-Spinelli, ces martyrs. La température est douce et calme. Par intervalles, le soleil paraît, se joue coquettement sur les atours printaniers, dore de tons chauds le globe soyeux de l'aérostat, puis se cache pour revenir encore. Tout est en fête.

Il est quatre heures. Le gonflement se termine. Pendant que cent bras nerveux retiennent captif le géant des airs, Eugène Godard se multiplie. Déjà la corbeille est parée, garnie de son lest et des instruments. — Messieurs les voyageurs, en nacelle ! Et les invités sautent gaiement par dessus le bord, s'installent sur les sacs, donnent et reçoivent force poignées de mains. — Bien des compliments à Vénus et à Jupiter ! Envoyez-nous un télégramme de Saturne !... — Messieurs, s'écrie Godard, en grimpant comme un chat dans les agrès, tenez-vous bien, nous partons. Lâchez tout !

A cette minute solennelle, une délicieuse émotion me pénètre. J'agite un drapeau pour répondre aux vivats de la foule enthousiasmée. La terre se dérobe et paraît nous fuir à toute vitesse. Des fourmis noires s'agitent dans un carré grand comme la main. C'est la place d'où nous sommes partis. Les maisons s'écrasent, les arbres s'effacent. La grande ville est à nos pieds, avec ses monuments lilliputiens, ses clochers-joujoux, ses promenades-rubans. L'œil embrasse le plus admirable panorama qu'il soit donné à un mortel de contempler. Champs, villages, forêts, se dessinent nettement, avec des teintes douces, veloutées, comparables à celles d'un plan au lavis. Il est quatre heures vingt minutes. Nous planons déjà à 1,800 mètres.

M. Godard fait l'appel. Nous voilà cinq, en comprenant le capitaine et son fils, un spirituel jeune homme, qui depuis l'âge de huit ans accompagne son papa dans les nuages.

Mais une forme humaine surgit tout à coup d'un paquet de sacs, et nous salue joyeusement. C'est un pompier, blotti sous les agrès au moment du lâchez tout, et qui a fait le mort avec tant d'adresse, qu'on ne s'est pas douté de sa supercherie. Le brave garçon nous demande pardon, promet d'aider à la manœuvre... — Sortez ! crie Godard d'un air féroce. Hélas ? il est trop tard, nous voguons à plus de deux mille mètres de sa caserne !... Le pompier se console par un long baiser à la bouteille de cognac...

Quatre heures 50 minutes. — Nous montons toujours. Déjà Paris est loin de nous. A gauche, un rideau de collines, hautes comme les talus d'une route. La terre s'estompe dans des vapeurs légères ; des rayons d'or fouettent ce voile nuageux, éclairant çà et là quelques échappées de la Seine, qui brillent dans le lointain, semblables à des ruisselets d'argent vif. Le brouillard s'épaissit et devient froid. « Messieurs dit Godard avec solennité, nous traversons les nuages. Il est cinq heures ; dans une seconde nous allons être isolés du reste des humains ; que personne ne sorte ! » — Le pompier, ému, dit un mot d'amour à la fiole d'Armagnac.

5 *heures* 10. — C'est fini la terre, a disparu. Une vapeur dense et froide nous enveloppe, si épaisse qu'elle cache le ballon à nos yeux. Silence effrayant. D'un bout de la nacelle à l'autre (deux mètres environ) mes compagnons de voyage paraissent effacés dans la fumée. — Où êtes-vous, Godard ? dis-je à l'aéronaute. — Il me répond, et sa voix retentit comme un roulement de tonnerre. L'écho répète ce terrible roulement, qui va grandissant de nuée en nuée. En bas, peut-être, les populations doivent croire à quelque orage prochain !

5 *heures* 25. — Coup de théâtre. Les ténèbres s'évanouissent, les vapeurs se fondent, le ciel bleu réapparaît sur nos têtes, et le soleil, qui tout à l'heure s'enfonçait dans les brumes de l'horizon, semblable à un boulet rouge s'élance avec une rapidité vertigineuse vers le zénith. Un coup de soupape a produit cette illusion. C'est Godard, véritable *deus ex machina*, qui par une brusque descente à six cents mètres, nous a permis d'assister à ce fantastique renversement des lois immuables de la nature. Un sac de lest nous ramène au plus profond de l'éther. Nous avons atteint 3,750 mètres !

L'instant est solennel : muets d'admiration, nous restons confondus par la majesté du spectacle ; à nos pieds, les nuages gris, blancs, jaunâtres, diversement colorés par le soleil, roulent confusément leurs croupes changeantes. Semblables aux vagues de la mer, ils s'entassent, se heurtent, se mêlent, luttent de vitesse. Immobile au milieu de cette silencieuse tempête des éléments, nous planons mollement sans ressentir un souffle de l'ouragan qui nous porte avec lui. Sur nos têtes, le ciel pur, d'un bleu tranquille et profond ; autour de nous, l'immensité ! Le moment de surprise passé, chacun de nous traduit bruyamment ses impressions. Quel émouvant et sublime spectacle ! Le plus grandiose que l'homme puisse rêver et pour la peinture duquel les phrases sont incolores et les mots impuissants. Nous éprouvons le besoin de nous féliciter chaudement, de nous serrer les mains, et, de nos poitrines émues, un hourrah frénétique s'élève vers le firmament radieux.

Six heures. — Le pompier achève la bouteille de cognac.

Mais il ne faut pas s'oublier dans ces célestes régions. Le monde d'en bas nous réclame, avec ses exigences mesquines. La nuit est proche. Rentrons. M. Godard se pend à la soupape et nous revoilà dans les nuages. Pendant cette traversée un peu monotone, le capitaine du vaisseau aérien reçoit les témoignages de notre admiration et de notre reconnaissance.

La précision mathématique de ses manœuvres, l'obéissance merveilleuse du géant qu'il dirige au moyen d'une mignonne cordelette ou de quelques poignées de sable, les phénomènes prévus et annoncés, la connaissance parfaite des courants et de leurs influences, tout nous révèle sa science et son habileté. Perdu dans les profondeurs de l'immensité bleue, calme, souriant, juché sur la frêle couronne qui rassemble les cordages, et plus tranquille que dans son salon, Godard nous paraît grand, surhumain. Il est le roi de ce chaos, presque le créateur de ces phénomènes qu'il signale et définit, de ces féeriques changements à vue qui s'accomplissent en quelque sorte par son ordre.

6 *heures* 10. — La terre reparaît. Nous descendons à grande vitesse. L'un de nous, aux poumons robustes, se penche hors de l'esquif et crie de toute sa gorge : « Où sommes-nous ? » Des voix grêles, enfantines, répondent un mot qui se perd dans les cordages. Nouvel appel, nouvelle réponse. Cette fois nous distinguons très-nettement : *Le Pecq*. Nous sommes en pays ami.

6 *heures* 15. — Le village s'accentue ; les maisons paraissent sortir de terre et grandir à vue d'œil ; le clocher jaillit. Des cris enthousiastes nous saluent. Les rues se marbrent de taches noires qui deviennent des hommes. Tout ce monde galope, enjambe haies et fossés, traverse les champs, piétine les carrés de légumes, criant et applaudissant de plus belle. « Plus un mot, s'écrie Godard et préparez-vous à la secousse ! Je vais couper le *guide-rope*.

Aussitôt dit que fait. L'amarre est coupée en un tour de main, le câble plonge et touche le sol. Cinq cents bras se

tendent vers nous, saisissent le filin et arrêtent le docile
aérostat qui, promptement dégonflé, nous dépose mollement
et sans secousse sur le plancher des vaches. Il fait nuit.
L'un après l'autre, tout doucement, nous quittons la nacelle,
emmenant le fidèle pompier, plus ému et plus dévoué que
jamais.

Deux heures après, le ballon soigneusement ficelé et
chargé sur une charrette, nous faisions triomphalement
notre entrée dans la bonne ville du Pecq tantôt précédés et
tantôt suivis par l'inévitable pompier, qui s'escrimait à
éteindre... l'enthousiasme.

Ces notes, écrites en ballon, à des altitudes qui donnent
le vertige, je n'ai pas voulu les rédiger. Je les imprime telles
quelles.

XIII

LA CRISE CLIMATÉRIQUE

Les oscillations et les déplacements de température que nous subissons depuis plusieurs années et qui constituent une modification croissante du climat, m'ont semblé dignes de fixer l'attention du lecteur sur un problème terrible : le *refroidissement de la terre*. Notre planète a-t-elle, oui ou non, un foyer central de calorique? L'astre lumineux d'où dépend la vie des êtres qui fourmillent à sa surface, nous envoie-t-il des rayons d'une égale intensité? Sommes-nous, en un mot, menacés du double cataclysme d'une extinction totale du soleil et d'une solidification absolue des matières ignées que recouvre la croûte terrestre?

Telle est la question, que je vais examiner rapidement.

Dans l'état actuel des connaissances humaines, l'hypothèse généralement admise par les géologues donne à notre globe une origine de feu. J'ai résumé, à cette place, l'histoire probable de sa formation, de ses laborieux efforts et de son refroidissement superficiel. Inutile d'y revenir. Donc, si l'on accepte, avec la science moderne, la théorie du feu primordial, on arrive à cette conclusion, que la terre perd chaque jour, par le rayonnement, des quantités infinitésimales de sa chaleur centrale, et que les couches profondes du sol vont s'épaississant par degrés, jusqu'au moment où la masse entière sera solide et froide.

Il est évident qu'à ce moment-là toute manifestation de la vie sera impossible. Les mers congelées ne renfermeront aucun être, les terres seront désertes et désolées, comme ces régions polaires où, depuis Franklin, tant d'explorateurs ont péri; tout sera mort; les villes, les palais, les forêts et les ondes n'existeront plus. Un silence absolu régnera sur l'immensité morne…

De son côté le soleil, monde enfant qui s'agite aujourd'hui dans le chaos, aura passé par les mêmes phases que notre terre. Comme elle, il condensera ses océans de vapeurs, refroidira ses continents, fixera ses massifs montagneux, verra s'épanouir les êtres à sa surface encore tiède. Un monde nouveau, plus riche, plus brillant et plus parfait que notre misérable atome, prendra sa place au milieu des cieux, et dans ce recommencement perpétuel de la vie, le souverain maître de toutes choses fera éclater sa puissance et son éternité.

Combien de temps faudra-t-il pour que la première partie de ce programme se réalise? Dans quel nombre déterminé de siècles notre race aura-t-elle cessé de vivre?…

Afin de n'alarmer personne, je m'empresse de dire que nos petits-fils et les arrières-neveux de notre troisième descendance ne verront pas cette horrible minute, où le glas de la mort universelle retentira sur le monde. Nous avons, Dieu merci! le loisir de « humer le piot et de moult banequeter » avant ce fatal coup de trompette. Mais il ne faut point se le dissimuler, mes amis, nous entrons tout doucettement dans l'âge caduc de la planète. Notre véhicule se détraque. La décrépitude commence. La terre se refroidit. C'est un fait. Je vais essayer de le prouver.

Les changements climatériques survenus pendant la période historique sont malheureusement peu connus, et les observations précises ne datent guère que d'une époque très rapprochée de nous. Il est cependant facile de suivre, à travers les âges, l'altération croissante du régime atmosphérique.

Qui ne connaît, par exemple, l'existence des mammouths, des éléphants et des grands fauves dans les régions méridionales de la France, aux temps antéhistoriques? Leurs ossements se montrent pour ainsi dire à chaque pas. M. Lartet a trouvé des singes, des panthères et des jaguars; M. Filhol, des hyènes et des chats-tigres dans les cavernes

du Tarn, du Gers et de l'Ariége. Le grès du Soissonnais renferme des feuilles de palmier; des troncs *en place* de grands arbres, propres aux régions tropicales, ont été découverts à l'Est, au Nord et à l'Ouest de notre pays. Il est donc permis d'inférer de ces témoignages que la chaleur a considérablement diminué depuis que ces animaux et ces plantes ont disparu.

Franchissons une longue série de siècles! les Gaulois allaient nus, ou à peu près. Est-ce à cause de leur civilisation primitive, ou bien parce que le climat de la gaule était moins rigoureux qu'aujourd'hui? J'inclinerais à croire que c'est pour ce dernier motif. Voyez plutôt les Esquimaux, qui ne sont guère policés : ils montrent à peine le bout de leur nez, tandis que les Japonais, dont personne ne niera la supériorité intellectuelle, cachent tout juste ce qu'étaient nos statues.

Il n'y a pas de civilisation qui tienne : devant le soleil, tous les peuples se dévoilent.

Ici, j'arrive à des faits scientifiques, précieusement enregistrés par des hommes dont le nom fait autorité. Arago constate la rétrogradation graduelle des vignobles vers le midi de l'Europe.

« De nos jours, dit-il, on ne cultive plus la vigne sur les bords du golfe de Bristol, ni dans les Flandres, ni dans la Bretagne; et ces contrées que les chroniques nous disent avoir produit des vins exquis, ne donnent actuellement des raisins mûrs que dans les années exceptionnelles. »

Aux environs de Carcassonne, la culture de l'olivier a rétrogradé de 15 à 16 kilomètres au sud, depuis une centaine d'années. La canne à sucre, dit M. Reclus, a disparu de la Provence où elle était acclimatée; les orangers d'Hyères, dont la culture s'étendait au seizième siècle jusqu'au village de Cuers, ont été frappés par la maladie sous un ciel qui ne leur est plus favorable, et l'on a dû les remplacer par des arbres à fruits moins frileux, tels que les pêchers et les amandiers.

En Suisse, dans les Alpes, la flore glacière a envahi des

sommets autrefois couverts de forêts magnifiques, dont on retrouve encore en place les troncs puissants et les robustes racines.

En Allemagne, les plantes des steppes se montrent de nos jours au milieu de campagnes jadis fertiles. Tous les botanistes ont signalé ce fait. Et à l'appui de leurs observations, les météorologistes prouvent, par des moyennes de température diurne, mensuelle et annuelle, que le froid s'est sensiblement accru dans ces régions.

L'Irlande et le Groënland oriental sont aussi devenus beaucoup plus froids depuis le quatorzième siècle; car dans la première, les grands arbres ont cessé de croître, et sur les rivages opposés de l'autre contrée, un grand nombre de vallons, jadis habités, sont aujourd'hui complètement inaccessibles par suite de l'envahissement des glaces.

Il me serait aisé de multiplier les citations, pour en déduire avec plus de force cette vérité désolante : la terre se refroidit. Je préfère me borner aux faits irréfutables qui précèdent. Et si le lecteur doutait encore, je lui dirais :

— Interrogez les vieillards; aucun d'eux ne trouvera dans ses souvenirs de jeunesse des rigueurs analogues à celles que nous subissons. De mémoire humaine, on n'avait jamais vu la neige en si grande hauteur sur les plateaux du centre de la France; autrefois l'hiver était une suite de l'automne, et le printemps se prolongeait jusqu'à l'été. Aujourd'hui, les frimas commencent en octobre et durent encore aux premiers jours de juin.

Il faut en prendre son parti, la chaleur se retire de nous; en même temps que disparaissent les grandes espèces animales, les vents glacés du pôle gagnent de proche en proche, les brumes envahissent peu à peu le midi, les climats excessifs avancent graduellement vers l'Ouest, la croûte terrestre s'épaissit, et le temps n'est peut-être pas éloigné où les peuples, chassés par le froid des régions infra-polaires, gagneront les pays de l'équateur, qu'éclairent et réchauffent les rayons d'un soleil vertical.

XIV

LE MICRODOR

Un de ces derniers jours de soleil, je me trouvais en compagnie d'un chimiste américain et d'un géologue danois, chez notre ami commun, le docteur N... qui possède l'une des plus riches collections entomologiques de Paris.

Après une visite attentive au laboratoire, où vingt vitrines de coléoptères rarissimes firent pousser à nos deux étrangers des cris d'une admiration jalouse, nous fûmes gracieusement invités à prendre part au régal d'une vivisection.

Il s'agissait, je crois, d'étudier au microscope l'intestin grêle d'un bombix, ver à soie, atteint d'une maladie étrange, inconnue. L'insecte, arrivé la veille à grands frais de Nagazaki, avait été généreusement prêté à notre docte ami par l'institut séricicole du Japon, et venait de faire, le douillet, ses quatre mille lieues dans un cornet de feuilles d'ailante. M. de Quatrefages, qui a écrit des volumes sur les bombix malades, ne connaissait pas le premier mot de cette grave affaire — je parle de notre vivisection, — et c'est absolument à huis-clos, entre intimes, que la chose allait se passer. Une véritable première, comme vous voyez.

Pendant que l'opérateur rangeait autour du microscope ses bistouris, ses seringues d'argent et ses poinçons, le Danois m'exposait un système de métamorphisme dont il est le glorieux père, et je lui promettais d'en faire l'objet d'un rapport à l'Académie d'Etampes, qu'il avoua ingénûment ne pas connaître. Le chimiste Yankee, moins expensif, attendait en considérant la bestiole, dont on allait mettre les tripes au soleil, et qui filait, vous pensez, un bien mauvais coton.

De l'opération je ne dirai rien, pour deux motifs : le premier, afin de ne pas troubler le sommeil de M. de Quatrefages; l'autre, parce que je ne suis guère compétent, ma spécialité étant l'étude des larves de diptères. Tout se passa, d'ailleurs, dans les règles. Nous allâmes à tour de rôle appliquer notre œil droit au puissant objectif, je vis des kilomètres de soie malade, des myriamètres d'intestins baignant dans une goutte d'alcool; le géologue d'Upsal fut enchanté et le chimiste de Chicago fit en anglais de judicieuses remarques, que chacun s'empressa de noter sur ses tablettes. La représentation était terminée, je le croyais du moins.

C'est ici, au contraire, que la séance devint palpitante. Vous allez en juger.

— « Connaissez-vous le *microdor*? demanda tout à-coup l'Américain au docteur N... à peu près du ton dont il aurait dit : « Avez-vous lu Baruch ? »

Nous ouvrîmes de grands yeux. Et comme le géologue cherchait dans sa mémoire le sens de ce néologisme abrupt, que pour ma part je n'avais jamais entendu retentir au sein de la docte Académie d'Etampes, notre Yankee poursuivit :

— « Le *microdor* est une nouvelle création de mon étonnant compatriote Edison, l'auteur du phonographe, de la plume électrique, du papier lumineux, du mégaphone, de l'aérophone, du microphone et de trente autres merveilles ; mais celle-ci, s'il est possible, les surpasse toutes et va révolutionner le monde savant. »

Cela dit, l'Américain alluma un cigare, et attendit froidement l'effet de sa phrase.

Nous restions là, stupides.

« — Ce microdor, continua le chimiste de l'Illinois et savourant notre émotion, est un petit appareil que j'ai vu chez Edison la veille de mon départ pour la France, il y a quinze jours à peine. Le reporter scientifique du *New-York-Herald* n'en a pas encore entendu parler, et sir Bennett, s'il apprenait qu'un autre mortel a eu la primeur de cette prodigieuse découverte, casserait aux gages son infidèle nouvelliste.

Seconde pause. Notre anxiété faisait mal à voir. Le chimiste en eut pitié et, tout d'une haleine:

« — Avec cet instrument, dit-il, l'homme pourra concentrer les émanations des corps, les amplifier, et les rendre perceptibles à des distances énormes. Vous connaissez, n'est-ce pas, l'acuité merveilleuse du sens olfactif chez certains animaux. Au milieu d'un tas de linge le chien, vous le savez, rapportera infailliblement à son maître le mouchoir que celui-ci vient d'y enfouir. Vingt fois, j'en suis sûr vous avez entendu dire qu'un caniche avait suivi à la piste et retrouvé ses propriétaires à travers un dédale de routes et de sentiers où l'homme était passé plusieurs jours auparavant. Vous-mêmes avez vu les corbeaux accourir, du fond de l'horizon, dès qu'un mulot ou une taupe a mordu la poussière des guérets.

« Voulez-vous d'autres exemples? L'écrevisse, dans son ruisseau d'eau vive, ne se hâte-t elle pas de nager, d'un bout à l'autre de la plaine, vers l'appât corrompu que vous lui jetez? L'hirondelle s'est-elle jamais trompée de nid, au retour de son lointain voyage, et n'a-t-elle pas invariablement regagné le palais d'argile où elle reçut sa première becquée ; La mouche verte n'est-elle pas la première arrivée au banquet du corps mort, cadavre entier ou minuscule débris, dont son merveilleux odorat lui révèle la présence ? Tenez, docteur, nous allons disséquer un de ces utiles diptères, et je vous ferai toucher du scalpel le faisceau nerveux qui, selon Spallanzani, est le siège de ce sens extraordinaire.

— Mais je n'ai pas sous la main l'insecte demandé; s'écria notre ami, qui donnait naïvement dans le piège.

— Qu'à cela ne tienne; répliqua l'Américain, *nous allons en appeler un*. »

Aussitôt, à la demande du savant, on apporta de l'office un poulet fraîchement égorgé. Le démonstrateur déposa le cadavre encore tiède sur un guéridon, entr'ouvrit la fenêtre et attendit.

Deux minutes après, au milieu du silence admiratif et quelque peu sceptique que nous gardions, retentit la fanfare bien connue de la mouche de viande. L'insecte *appelé* était là, avide, famélique, et bourdonnant. Il fit autour de la chambre une reconnaissance rapide, heurta lourdement sa grosse tête aux murailles, et vint s'abattre sur le cou saignant du poulet, où le va-et-vient de sa trompe nous apprit que le festin commençait.

Je battis des mains avec frénésie. L'américain voulut bien prendre pour lui cette ovation qui s'adressait à la mouche, et, modeste dans son triomphe, reprit la parole en ces termes:

— « Pour vous, messieurs, qui vous proclamez les plus parfaits des êtres, ce poulet n'a pas d'odeur. Il vivait encore il y a cinq minutes, et vous n'aurez pas de peine à admettre que les émanations qu'il dégage ne sont pas sensibles, même pour l'odorat d'un peau-rouge. Elles existent cependant; la mort les a fait naître instantanément, et cette mouche, qui flânait peut-être à l'autre bout de Paris, les a perçues de là-bas. Elle est venue tout droit ici, guidée par son infaillible instinct, et, voilà qui confond notre raison, avant même le temps nécessaire au transport des miasmes du cadavre par la voie de l'air. »

Le savant jouit pendant quelques instants de notre stupeur, et reprit:

« — Eh bien! l'appareil dont je vous parlais tout à l'heure, ce microdor que vous êtes les premiers Européens à connaître, nous donnera à vous, à moi, à tout le monde, l'exquise sensibilité olfactive de cette mouche stercoraire, de ce chien, de cette écrevisse, de ce vautour. Vous voyez d'ici ses applications multiples, et les immenses services qu'il est appelé à rendre.

« Dans la rue, vous distinguerez l'homme ou la femme malade, au flair; toute affection morbide ayant pour conséquence une décomposition partielle des tissus, caractérisée par une odeur spéciale, vous pourrez, grâce au microdor, couper dans son germe la fièvre qui peut-être aurait enterré votre sujet. A la chasse vous serez votre propre chien d'arrêt, et nul fumet de poil ou de plume n'échappera au sens délicat de votre instrument.

« Vous retrouverez sans peine, fût-il passé dans mille mains différentes, le portefeuille ou le bijou perdu; vous saurez reconnaître, en plein boulevard, le bellâtre qui a flirté un soir avec votre femme, et les « microdors » officiels de la justice reconstitueront, dans toutes ses phases, le crime commis, par l'analyse des effluves variés qui accompagnèrent sa perpétration.

« Je laisse à votre sagacité, Messieurs, le soin de passer en revue toutes les impossibilités qui deviendront possibles, par l'emploi du merveilleux microdor, et je termine en vous priant de ne pas révéler au monde ce gros secret, que mon ami Edison se réserve de faire connaître au public par le canal du *New-York-Herald*, le mieux informé des journaux américains. »

« Là-dessus nous nous séparâmes, et je courus chez mon éditeur pour écrire ces lignes, en tête desquelles j'aurais pu placer cette maxime désormais banale des mémoires de Vidocq.

« Mettez-moi au milieu d'une foule d'hommes, j'y dé-
« couvrirai entre cent mille un galérien, rien qu'à l'odeur. »

XV

LE VER SOLITAIRE

J'ai l'avantage de connaître un pharmacien — homme
sérieux et docte, inventeur de deux spécialités célèbres — qui depuis quinze ans consacre ses bénéfices et
emploie ses loisirs à l'étude d'un ver.

Il prétend que cette longue, plate et gourmande bête
que la plupart des humains nourrissent *in imo*, exerce une
action prépondérante sur le caractère et les mœurs. Il divise les gens en deux grandes classes : les individus qui
ont le ténia et ceux qui ne l'ont plus. Pour lui, l'homme à
ténia doit être bon, généreux, loyal, expansif ; l'autre, au
contraire, est égoïste, haineux, faux, malhonnête. Il explique la perversité croissante de ses contemporains par la
rareté relative de ce parasite intestinal, que vingt médica-
ments, inconnus jadis, expulsent aujourd'hui de son domaine. Sans le kousso, la racine de fougère mâle, la décoction de *brayera* et tout l'arsenal de poisons que la médecine moderne emploie contre lui, nous verrions refleurir
les grands caractères, les nobles penchants, les belles vertus d'autrefois. Heureux l'homme qui tolère cet hôte avide,
mais sauveur, dans ses entrailles maladives ! Les souffrances qu'une telle cohabitation lui apporte ne sont rien
auprès des félicités morales dont elle deviendra la source.

— Ah ! monsieur, me disait enthousiasmé cet apôtre du
ver solitaire, croyez-moi, rien n'est inutile ici-bas ! Toute
bête réputée malfaisante par des spécialistes à courte vue,

remplit sur la terre une mission définie. La vipère, le crapaud, le cousin, la punaise et le pou lui-même sont des régénérateurs. Notre haine aveugle les poursuit; nous les détruisons par milliers. Mais la Nature, indifférente à ces inimitiés stupides, reproduit sans relâche leurs bataillons. Et c'est tant pis si quelque jour l'une de ces races prédestinées disparaît de la surface du globe! Le ténia, peut-être, succombera le premier. Ce jour-là, malheur à nous!...

Depuis que je vis en contact avec les hommes de science, j'ai rencontré, je l'avoue, de terribles originaux, mais de l'estoc de cet apothicaire, jamais!

Concevez-vous un praticien que sa profession oblige à vendre au premier venu des vermifuges préconisés par le Codex et auquel sa conscience ordonne d'en proscrire l'usage? Un homme qui pourrait faire payer dix francs une boîte de kousso, et qui vous dit du ton le plus convaincu : « Gardez-vous de suivre cette ordonnance ignare; vous possédez le ténia! Eh bien! conservez-le! je vous félicite! » Un industriel, enfin, qui renonce de gaîté de cœur à de très louables bénéfices, sous le prétexte illusoire que sa religion les réprouve?

Cet excentrique m'a semblé digne de figurer ici; et je vais le crayonner en quelques lignes, avant de décrire l'être non moins extraordinaire que vous portez, lecteur, dans les plus intimes replis de votre précieux abdomen.

La vitrine de mon pharmacien — une des curiosités de Paris — renferme dix-huit ténias confits dans l'alcool. Tous ténias illustres, et de très haute lignée. Il y a des ténias de la magistrature, de la diplomatie, de l'armée, et même celui de la comtesse R..., une blonde que l'on connaît. Chaque bestiole a son histoire, racontée par l'étiquette avec force détails. Arrêtez-vous, et lisez. Aussitôt, souriant, l'apothicaire sort de sa boutique, vous interpelle, et fait si bien qu'il vous entraîne dans un arrière-magasin, tapissé de bocaux. « — Voilà, monsieur, dit-il avec orgueil, la collection la plus complète qui soit en Europe; je suis le premier homme du monde pour les ténias. Six cents espèces ou variétés! » Et l'une après l'autre, il vous met ses conserves sous le nez. — Ceci est le filaire d'Abyssinie, que l'on dévide sur une bobine attachée au bras du malade; cela, le dragonneau qui hante les yeux du nègre; et voici le bothriocéphale de Russie, aux dimensions colossales, etc., etc. Ensuite, il vous présente sa femme qui nourrit dans ses entrailles un ténia particulier au sexe faible; ses enfants, d'ailleurs chétifs, auquel il a lui-même administré le ver solitaire, cette panacée vivante des maux de l'âme! Son chien, sa perruche et ses serins ont reçu les entozoaires qui conviennent à leur organisme. Lui qui vous parle, enfin, s'est religieusement inoculé la bête-ruban. Au lendemain des fameuses expériences de M. Humbert sur les vers cystiques du porc, il avala quatorze de ces êtres, exhumés de l'intestin grêle d'un cochon ladre. « - Et trois mois après monsieur, j'eus la satisfaction d'éprouver, dans l'estomac, les sensations particulières qui sont un indice certain de la présence du ténia! » — Heureux père!

Un dernier trait. Ce maniaque est matérialiste à trente six carats. N'essayez pas de lui parler d'ange gardien, de religion, il pousserait les hauts cris. En revanche il croit à l'influence morale du ver. La vertu, je l'ai dit, dépend de ce ver. Son ange gardien, à lui, c'est ce ver. Hors du ver point de salut. Le pauvre homme!...

Doctrine à part, je reconnais qu'il possède son histoire naturelle du ténia aussi bien, sinon mieux, que MM. Steenstrup, Küchenmeister et van Beneden. Je l'ai interrogé à votre intention, et voici le portrait qu'il m'a tracé de cette dégoûtante créature.

Le *ténia solium*, ou ver « tout seul », ainsi nommé parce qu'il n'est pas rare d'en rencontrer jusqu'à cinq dans le même corps, appartient à la classe des helminthes de Milne Edwards. Tous ces individus se développent et vivent dans les intestins et les muscles. Plats, longs et généralement composés d'anneaux innombrables, les helminthes offrent à l'œil de l'observateur un organisme des plus simples : appa-

reils de digestion, de circulation et de respiration absents.
La nature, qui a strictement doté chaque animal de ce qui
lui est nécessaire, ne s'est pas mis en frais d'organes inutiles pour les ténias. Vivant au milieu de fluides déjà éla-
borés par leurs hôtes, un tube digestif ne leur aurait servi
de rien. Ils mangent et respirent sur toute leur longueur,
du sommet de la tête à l'extrémité de la queue.

Mais où la prévoyance admirable de la nature éclate
c'est dans le mode de reproduction de ce bizarre parasite.
Chacun des anneaux dont il est formé renferme un être
complet, pourvu des deux sexes, menant en quelque sorte
une vie indépendante. Le bothriocéphale, qui contient dix
mille segments et atteint 20 mètres de longueur, est donc
un chapelet de dix mille individus distincts, véritable machine à multiplication, capable de se féconder des milliers
et des milliers de fois. Mais ce n'est pas à augmenter le
nombre des œufs que se borne la sollicitude de la Nature
comme, en raison des nombreux dangers qui assaillent les
jeunes, ces milliers d'œufs ne pourraient pas suffire pour
assurer la conservation de l'espèce, le bourgeonnement s'a-
joute à la reproduction sexuelle. Un simple anneau, par je
ne sais quelle mystérieuse faculté d'épanouissement, se
couvre de rejetons grouillants, qui, nés à peine, peuvent
déjà fructifier et se disséminer à l'infini !

Mais cela n'est rien encore.

Plus extraordinaire que le papillon qui, tour à tour chenille et chrysalide, subit dans sa courte existence des phases
diverses, le ténia se métamorphose en autant d'êtres qu'il
habite de corps variés, sans jamais mourir ! Le premier nous
permet de croire à la renaissance dans une nouvelle vie,
l'autre nous ferait admettre la métempsychose, et la transmi-
gration des âmes ! En effet, selon les milieux où il est placé,
ce ver peut revêtir cent aspects, cent formes nouvelles !

Suivons-le dans cette étrange pérégrination.

Un œuf de ténia, rejeté par les organes d'un mollusque,
est avalé par un insecte. Là, il grandit et devient parfait.

En mangeant son chou un lapin absorbe l'insecte et par suite le ver, qui tout à coup se transforme en cysticerque. Ce dernier animal se fixe dans les tissus de mon lapin, s'y reproduit, engendrant toujours ses pareils, jusqu'au jour où le lapin sera mangé par l'homme. Alors, ce même cysticerque, sorte de vessie microscopique, s'allonge en une multitude d'anneaux. C'est le ténia. A mesure qu'il se développe dans notre économie, ce parasite dévore notre substance. Il nous tourmente; il cause les troubles pathologiques que vous savez: digestions difficiles, soif intense, éructations avec aigreurs, démangeaisons des ailes du nez, reptation de l'abdomen, amaigrissement. Tout cela, d'ailleurs, assez bénin et nullement dangereux. Si, d'aventure, un des anneaux du ver est expulsé, et qu'un animal immonde le rencontre sous son groin, voilà le ténia qui change encore. Il devient trichine, cestoïde ou cœnure, selon qu'un estomac de porc, de mouton ou de chien lui a donné l'hospitalité!

Comment ici ne pas admirer la règle suivant laquelle cette sublime ouvrière que nous appelons Nature a coordonné les différentes parties de son œuvre!

« Sous leur première forme, dit M. Vignes, les parasites intestinaux résident toujours chez un animal qui servira de pâture à celui où ils doivent achever leur développement. Ainsi, des vers qui habitent un herbivore, arrivés au terme d'évolution qu'ils ne peuvent dépasser dans ce milieu, n'ont plus absolument qu'à attendre que leur hôte, mangé par un carnassier, cède à celui-ci les vers qu'il héberge.» Et ainsi de suite, jusqu'à l'homme, qui possède, en sa qualité d'animal parfait, les plus beaux, les plus longs et les plus robustes des ténias!

En parlant ainsi, l'apothicaire déroula sous mes narines un kilomètre de ver solitaire, extirpé la veille des intestins d'un pendu, et je m'enfuis épouvanté...

XVI

LES GÉANTS

Un journal, évidemment bien informé, signale la découverte d'un sarcophage gigantesque dans lequel reposait, « depuis plus de quatre mille ans, dit-il, le corps d'un de ces hommes que les historiens et les poëtes ont célébrés, dont ils rapportent les merveilleux exploits, et qui sous le nom de Géants peuplaient certaines régions du monde, bien avant les âges du bronze et du fer. »

Là-dessus, le rédacteur du fait-divers s'emballe. Animé d'une sainte colère contre notre civilisation, — sans laquelle cependant il n'eût trouvé ni un éditeur, ni des lecteurs pour sa bourde de haut vol, — ce savant lui reproche l'abâtardissement de notre race ; il regrette le temps où la terre nourrissait des hommes de huit ou dix pieds, qui s'en allaient nus et bondissant, dans la campagne, armés d'un tronc d'arbre en guise de massue. « De tels gaillards, ajoute-t-il, étranglaient leur lion de la main droite ; ils soulevaient de prodigieux fardeaux ; et les monuments cyclopéens dont parlent les voyageurs, attestent, par leurs colossales proportions, la force surhumaine des ouvriers qui les ont bâtis, sans le secours d'aucun mécanisme, et par la seule vertu de leurs biceps. »

A moins d'admettre que l'auteur de ces lignes soit un nain

chétif, une manière de Quasimodo, on ne s'explique pas son enthousiasme naïf pour des exercices qui sont aujourd'hui le monopole des hercules forains, ni son admiration pour une taille qui appartient exclusivement aux tambours majors.

Sans doute la grandeur physique a son charme, estimable à divers points de vue, sans parler de ceux auxquels se place le beau sexe. Mais tout le bonheur de cette vie ne réside pas dans la faculté d'allumer son cigare aux réverbères, de souffleter sur son siège un cocher d'omnibus et de soulever une feuillette à bras tendu.

La civilisation, dont mon confrère fait amèrement le procès, a enfanté des prodiges bien autrement grands que ceux de la barbarie qu'il regrette.

Nous n'étranglons plus les lions, c'est est très vrai, mais nous les exterminons délicatement à mille mètres avec des joujoux charmants et terribles; nous ne soulevons plus dans nos mains d'énormes moellons comme les menhirs, les peulvens et autres pierres dites cyclopéennes, mais nous éditions des montagnes de marbre et de porphyre curieusement ciselées, telles que Saint-Pierre de Rome, le Panthéon ou l'Opéra; nous ne faisons plus, hélas! les enjambées du colosse de Rhodes, d'Hercule et de l'Ogre aux bottes de sept lieues, mais notre voix, nos traits et jusqu'à notre pensée franchissent, en moins de rien, les continents et les mers.

Si l'homme d'autrefois domptait les fauves, nous domptons, ce qui vaut mieux, les éléments sauvages, nous emprisonnons la foudre dans une bouteille, nous forçons le soleil à peindre, les vents à nous conduire, les fleuves à moudre notre pain quotidien; et, pour si perçante que fut la vue des géants, je n'ai pas entendu dire qu'elle leur ait permis, comme à nos astronomes, de mesurer la distance et les dimensions des étoiles, d'analyser les météores, de prévoir enfin, à un siècle et plus d'intervalle, la minute précise d'une éclipse totale, du retour d'une comète, ou d'un passage de

Vénus. Toutes choses d'ailleurs fort délectables, n'en déplaise à ce journaliste érudit, qui aime les géants, et dont je vais consciencieusement plumer le canard.

Êtes-vous bien sûr, d'abord, monsieur et confrère, que les géants « aient peuplé certaines régions de notre globe, avant les âges du bronze et du fer? »

Vous allez me répondre à coups de mythologie. Passons.

Après Polyphème et la Fable, vous citerez Pline qui parle d'une famille d'hommes dont la taille dépassait neuf pieds, vous nommerez Gabbara, le colosse de huit pieds dix pouces, qui sous le règne de Claude fut amené d'Arabie à Rome, et dont plusieurs historiens signalent la présence dans la ville des Césars. Vous invoquerez ensuite les textes bibliques mal interprétés, le témoignage de saint Augustin qui mentionne la découverte, sur les rivages d'Utique, d'une dent grosse comme deux poings; vous arriverez enfin à Teutobochus, roi des Cimbres, qu'un laboureur du Dauphiné exhuma un jour de son champ, et à l'*homo testis diluvii*, autour duquel tant de combats scientifiques furent livrés.

Peut-être, si votre savoir est plus vaste, me pulvériserez-vous avec cette rotule d'Ajax que découvrirent les Grecs dans un tombeau d'Ilion, et qui pesait, dit-on, quatre livres et sept drachmes. Ou bien, pour répondre victorieusement par les assertions d'un académicien, m'écraserez-vous sous les tables chronologiques d'Henrion, qui disait, en 1718, cette chose immense :

« Adam avait 123 pieds 9 pouces; Ève seulement 118 pieds 9 pouces et 9 lignes. » (Les neuf lignes y sont. Henrion était consciencieux.) Et le grand homme ajoute :

Depuis la création, la taille humaine n'a cessé de décroître, Noé avait vingt pieds de moins qu'Adam. Abraham avait de 87 à 88 pieds ; (cette incertitude fait bien, après les 9 lignes bien comptées d'Ève.) Moïse, 13 pieds; Hercule, 10; Alexandre, 6. (Et on l'a surnommé Grand!) Jules

César moins de cinq. — En continuant la série jusqu'à nos jours, on arriverait au général Tom Pouce.

Tout cela n'est pas sérieux. Je fais, monsieur, trop de cas de votre raison pour croire que vous partagez l'avis de l'illustre et naïf académicien du dix-huitième siècle sur la taille de nos ancêtres communs. Quant à Teutobochus et à l'homme témoin du déluge, vous savez comme moi que le premier était un mammouth, le second une salamandre, et que si de graves docteurs ont pu, alors que la paléontologie était encore dans les limbes, donner le nom d'homme à un reptile, le grand Cuvier a fait justice de ces absurdes billevesées.

Je pourrais, au surplus, soutenir la thèse contraire, et prétendre avec succès que les hommes d'à présent sont plus forts et plus grands que jadis. La mythologie et l'histoire en main, j'opposerais aux géants leurs antithèses vivantes, les nains. Je citerais les Pygmées, les Myrmidons, Ésope, ou bien ce philosophe que nomment certains auteurs grecs, et qui n'était pas plus gros qu'une perdrix.

Hippocrate ne raconte-t-il pas quelque part qu'un de ses contemporains, un poëte, était si petit, si petit, qu'il fallait le lester avec une balle de plomb, afin que le vent ne l'emportât pas? Quel géant, en comparaison de cet autre poëte, Aristratus, dont parle Athénée, qu'on avait toutes les peines du monde à voir à l'œil nu, les verres grossissants n'étaient pas encore inventés!

Nous voilà bien loin de Teutobochus, d'Ajax, de leurs fémurs et de leurs rotules gigantesques !

Mais ces exemples ne prouvent rien. On n'a pas plus raison de croire à l'existence d'un peuple de nains qu'à celle d'une nation de colosses. Des faits isolés, qu'à grand renfort de bouquins il me serait aisé d'entasser, on ne doit déduire qu'une chose : c'est que la Nature a de tout temps produit des monstres. Polyphème et son antipode Aristratus étaient des monstres, tout comme le géant chinois de l'Hippodrome et la princesse Mirza. Ces phénomènes ont leur histoire ; une branche spéciale de la science s'en occupe sous le nom de tératologie. J'y renvoie mon confrère, qui croit aux faits et aux gestes d'un peuple de géants. Il apprendra là que les géants furent toujours d'une intelligence bornée, sans vigueur corporelle, lymphatiques, lents à se mouvoir, incapables d'un travail soutenu, souvent mal conformés ou mal proportionnés. Ils meurent ordinairement jeunes.

A part l'indolence, tous ces traits leur sont communs avec les nains. Ici les extrêmes se touchent. Un empereur d'Allemagne avait eu l'idée bizarre de rassembler, à Vienne tous les nains et tous les géants de son époque. Souvent, des disputes éclataient entre les uns et les autres. La querelle un jour s'envenima à tel point entre deux de ces extrêmes, qu'ils en vinrent aux mains. Et c'est le grand qui fut battu.

Cette faiblesse de corps et d'esprit chez la plupart des hommes qui s'élèvent si haut me paraît une objection sérieuse contre l'opinion d'après laquelle nos pères auraient été plus grands que nous. L'archéologie et la paléontologie, deux sciences précises, ont d'ailleurs jeté la plus vive lumière sur ces erreurs, trop longtemps entretenues par l'ignorance et l'imagination Les armures des guerriers gaulois, grecs et assiriens sont sous nos yeux, dans les musées ; on les croirait modelées sur les torses de nos jours.

Les découvertesde M. Schliemann en Troade démontrent qu'Achille, Ajax et Priam n'étaient pas plus grands qu'un fantassin du 101ᵉ. Les momies égyptiennes, vieilles de quatre mille ans, passeraient à peine sous la toise des conscrits de 1881. Enfin, l'homme fossile, ce contemporain de l'aurochs, du mastodonte et de l'ours des cavernes, dont on ne saurait faire remonter à moins de dix mille ans l'antiquité désormais bien établie, a la tête et les membres en tout pareils aux nôtres.

Aussi loin que nous puissions aller dans le passé, nous acquérons la preuve que l'homme primitif n'avait sur nous aucune supériorité : pas plus celle de la taille qu'aucune autre.

La civilisation n'est donc pas une cause d'amoindrissement physique. Elle a, au contraire, cet avantage, qu'indéfiniment perfectible, elle porte en elle-même le remède toutes ses défectuosités.

XVII

LA PRÉVOYANCE MATERNELLE

CHEZ LES PLANTES

Et la botanique ? Si nous abordions ce sujet charmant ? Les fleurs, les parfums, la magie des nuances, les fruits savoureux…. Parlons donc de la verte toison des coteaux, du tapis velouté des plaines et des antiques forêts.

Certes, le champ est vaste. Si j'étais poète, je n'aurais qu'à enfourcher Pégase, et ahi donc ! Mais où courir ? où rencontrer la Muse ? quels tableaux dérouler, lecteur, à vos yeux amis ? Je ne vois partout que branches effeuillées. Les campagnes étendent à perte de vue la teinte brune des labours ; les bourgeons dorment, emprisonnés dans leur robe d'écailles, et la belle parure des prés repose encore, à l'état d'espérance, dans le sein de notre mère en travail…

J'ai pris le train de Versailles, à la recherche du sujet botanique. Meudon, Sèvres, Clamart, les bois et les vallons ne m'ont offert que les tristesses de l'hiver. Ici des guérets désolés ; là, des milliers de cloches où s'abritent les semis frileux. Je ne puis pourtant pas vous entretenir d'asperges et de petits pois !

Le soir venu, je n'avais pas découvert une fleurette. En quittant Chaville, un semeur attardé m'apparaît dans les lueurs fauves du couchant. Sa silhouette noire se détache vigoureuse sur le ciel. Il va, de son pas régulier, d'un bout à l'autre du sillon; le geste large et grand de son bras, qui semble saluer le soleil, éparpille à ses pieds la moisson future. Une douce rumeur — frémissement de la glèbe effondrée sous la pluie de grains — s'élève en cadence autour de lui. L'ombre descend, l'homme s'efface ; mais je distingue encore, à l'horizon vermeil, le nuage d'épis et le « geste auguste » du travailleur.

Comme lui, la nature répand, à l'aide de moyens admirables, les germes de l'arbuste et du roseau. Ce que la main du semeur fait pour le grain d'orge ou de blé, cette mère ingénieuse le fera toujours pour les végétaux innombrables dont elle veut assurer la reproduction.

Une sollicitude toute maternelle semble présider à cette fonction sublime. Quelle infinie variété de ressources! Je vois les semences du chardon, du bleuet, pourvues de panaches, d'aigrettes et de volants ; la brise s'emparera de ces gracieux organes, les transportera à d'énormes distances, jusqu'au sol nourrissant qui doit leur donner la vie. Les graines de giroflée, taillées en forme d'écailles légères s'envoleront au moindre vent ; le fruit de l'érable, avec ses ailes membraneuses, pareilles à celles d'un scarabée, ira peupler les alluvions lointaines ; celui du cyprès s'élèvera jusqu'aux montagnes, et couvrira leurs flancs de rejetons toujours verts.

De plus curieux appareils se révèlent chez les plantes dont les grains trop lourds pour être disséminés par l'atmosphère, tomberaient au pied de la tige qui les a produits. Touchez la cosse de la balsamine ; aussitôt de mystérieux ressorts vont se détendre, et lancer au loin les germes impatients. Un arbre des Indes projette les siens avec un bruit d'arme à feu ; le concombre sauvage, si commun dans les lieux arides, expulse ses graines en même temps qu'un filet d'eau, qui les arrose et les féconde.

Certains végétaux, moins bien dotés, ont des semences toutes nues qui semblent condamnées à périr. Mais les oiseaux sont là. Ces gentils voyageurs iront transplanter dans d'autres régions les baies dérobées à coups de bec. La fente des rochers, le tronc des arbres, la corniche poudreuse des murs en ruines recevront ainsi leurs ornements naturels ; au delà des mers, le passereau ressèmera la plante qui l'a nourri. — Quelle main a donc élevé ce chêne sur le pic inaccessible que voilà ? Comment l'homme a-t-il pu couronner de châtaigners puissants cette aiguille de granit ? — C'est le loir, le hérisson et le mulot qui se sont chargés de ce soin.

J'entends un lecteur s'écrier : — Eh quoi ! pour assurer la conservation d'une espèce inutile, d'un végétal malfaisant, la Nature aurait pris tant de miraculeuses précautions ! Elle aurait fait un petit chef-d'œuvre de la graine du chardon, une merveille du fruit de la nielle ! N'est-ce pas plutôt le hasard qui a façonné ces organes que dans votre ingénieuse imagination vous croyiez destinés à ces usages divers ? Dans quel but, au reste, reproduirait-elle les végétaux que l'homme détruit comme des parasites importuns ?

Ah ! ne devançons pas l'heure où ces secrets nous serons révélés ! S'il est vrai que la création terrestre tout entière soit mise au monde pour nous, un jour viendra, sans doute, où l'emploi de chaque fruit, la vertu de chaque fleur nous seront connus. — Attendons, le Créateur a le temps !

Et quand au hasard, dont vous invoquez l'action souveraine, écoutez encore ceci :

Le brillant auteur des *Harmonies de la Nature* a vu dan les semences des plantes aquatiques mille formes assortie aux lieux où elles doivent naître : elles sont toutes construites de la manière la plus propre à voguer : « Le pin maritime a ses pignons renfermés dans des sabots osseux recouverts d'une pièce semblable à une écoutille. Le noyer a son fruit entre deux esquifs. Le coudrier, l'olivier, portent leur semence enclose dans des espèces de petits tonneaux susceptibles des plus longs trajets. La baie rouge de l'if est creusée en grelot. Cette baie, en tombant de l'arbre est entraînée d'abord au fond de l'eau ; mais elle revient aussitôt à la surface au moyen d'un trou que la Nature a ménagé au-dessous de sa graine. Il s'y loge une bulle d'air qui la ramène à flot et sauve le rejeton, comme Moïse fut sauvé par la fille de Pharaon ! »

Les graines des herbes aquatiques sont encore plus extraordinaires ; les unes sont de véritables canots en miniatures d'autres sont encastrées dans des brins ligneux qui rappellent les bois flottés ou vermoulus ; il y en a, destinées à germer sur les bords des lacs, qui vont à la voile comme des bricks ou à la rame comme des galères ! — Que dites-vous de ce hasard ?

Mais où le sentiment de sollicitude maternelle dont je parlais au début s'affirme d'une manière étonnante, c'est dans le mode de reproduction d'une graine bien connue, l'*arachide* ou pistache de terre.

Cette légumineuse, d'où l'homme extrait une huile excellente, et que les enfants recherchent pour son goût de noisette, a la singulière faculté d'enfoncer elle-même et de cacher dans la terre sa gousse ridée. Aussitôt que la fleur est fanée et que l'ovaire a porté son fruit, la tigelle qui redressait cet organe s'abaisse d'un mouvement lent, mais sûr, vers le sol. Le bec corné qui termine la pistache entame l'humus, la graine disparaît, et voilà les enfants à l'abri. « Ici vraiment, dit M. Eugène Muller, il y a conscience de l'acte accompli ; car cet acte exige de la part de la plante en végétation, non-seulement des efforts dans un but déterminé mais encore le choix instinctif du moment où ces efforts doivent avoir lieu... »

Admirable hasard, que celui qui préside à cette mise en terre par le végétal lui même de sa précieuse descendance,

Hasard qui sait étendre jusqu'à l'arbuste inanimé ce merveilleux privilège du règne animal, la prévoyance maternelle !

Hasard qui donnes à l'humble graine de crucifère les ailes légères de l'oiseau, à l'amande sauvage la forme d'une nef : qui as proportionné toutes choses au rôle qui leur était assigné ;

hasard qui as répandu sur la terre tant de bienfaits, une si belle harmonie ; qui as réglé avec un ordre si parfait les rapports des êtres et dicté les lois immuables de leur conservation, je te révère et te salue Dieu !

XVIII

OUI, LA LUNE EST HABITÉE

....

Nous venions de traiter, le célèbre astronome Pump et moi, la question toujours pendante de l'habitativité des mondes.

Au cours de cette dissertation familière, que chaque soir nous reprenions avec délices et qui — chose rare — ne nous avait jamais divisés, mon ami s'était lancé à corps perdu dans l'hypothèse de la vie universelle.

Quelle richesse d'aperçus ! quelle logique de déductions ! quelle variété d'images !

— Tout, oui, tout, s'écria-t-il d'un air inspiré, nous démontre que la Providence a semé dans l'immensité des cieux les trésors infinis de son pouvoir créateur ; qu'Elle a multiplié la vie sur tous les globes, sous toutes les formes imaginables, et dans des mesures qui font éclater la profondeur et la sublimité de la divine intelligence ! A la surface de notre Terre, tout est proportionné à l'importance de cette terre, aux conditions de ses milieux, à la périodicité de ses phénomènes astronomiques. Mais, dans les grandes planètes, la création offre un spectacle bien plus riche et plus varié : rien n'empêche même de concevoir les merveilles qui doivent se mouvoir à la surface du soleil, centre général de la chaleur, du mouvement de la vie...

— La raison et l'analogie, fis-je, veulent l'universalisation de cette force souveraine. Ici-bas, comme dans cet astre perdu au fond de la voie lactée, qui met des milliers de siècles à nous envoyer sa lumière, la vie déborde. Et quelle n'est pas la prodigieuse stature des êtres répandus dans cette étoile, où les jours ont soixante-dix ans, où la durée moyenne de l'existence humaine est égale à l'âge de l'obélisque !

— L'étroite théorie de l'habitabilité de notre seule planète est absurde. Personne n'y croit plus. Mars, Vulcain, Uranus et leurs satellites sont peuplés, tout comme la première venue des étoiles fixes. L'œil ne l'a pas encore démontré, mais l'intelligence l'admet et le prouve : N'est-ce pas suffisant ? Et Leverrier avec sa planète devinée ; Cuvier avec son mammifère reconstitué par la toute puissance de leur génie, ne sont-ils pas là pour...

A ce moment, le visage de M. Pump parut illuminé par un jet de lumière Jablochkoff ; sereine, étincelante et splendide, la lune émergea d'un nuage velouté, qui se mit à fuir à toute vitesse, et l'astre reprit dans l'azur sa course éternelle, inondant toutes choses de sa douce et fantastique clarté.

« — Toi aussi, s'écria mon compagnon en visant de son index noueux la planète impassible, oui, tu nourris des êtres ! De tes entrailles, que jusqu'à ces derniers temps la fragile science humaine a traitées d'infécondes et de calcinées, la vie s'élance et entonne l'hymne au Créateur. Rochers arides pour nos yeux, vous êtes parés de frais ombrages et de mystérieuses forêts. Vallons déserts, vous retentissez des mille bruits de la ville. Mers desséchées, un monde s'agite, aime, lutte et meurt dans vos insondables abîmes. L'atmosphère existe, circule. Je crois entendre les puissants coups d'ailes des créatures qui traversent les espaces lunaires ; je crois voir les animaux étranges qui rampent sur ton sol, les plantes inconnues qui recouvrent tes cirques, tes cratères. *Astre mort*, tu vis, je le sens, je le sais !

En disant ces mots, le brave M. Pump rayonnait comme l'oracle de Delphes. La lune, insensible à ses apostrophes véhémentes, nous regardait de cet air paterne que vous lui connaissez.

Emporté par son enthousiasme, le savant continua :

« — Du reste, la sélénographie a fait depuis quelques mois des progrès remarquables. Grâce au perfectionnement des télescopes, on a pu suivre au jour le jour les modifications profondes du relief de notre satellite. Un de nos meilleurs astronomes, M. Flammarion, vient de publier un consciencieux travail où sont réfutées, et de bonne encre, les hypothèses admises jusqu'ici. Le cirque d'Hyginus, observé par lui en 1873, est méconnaissable ; des cratères nouveaux ont surgi ; tout un système de soulèvements géologiques, comparables à ceux qui s'accomplissent encore à la surface de notre globe, a changé la configuration du district d'Hyginus. Des volcans en action existent dans la lune. Qui dit volcan, dit atmosphère. Donc, pas d'atmosphère sans les multiples manifestations de la vie ! »

M. Pump triomphait. Il était transfiguré.

— Un jour, il y a une quarantaine d'années, reprit le démonstrateur, sir John Herschell était envoyé au Cap avec une commission d'études astronomiques, pour éprouver les puissants instruments que la munificence du roi d'Angleterre avait mis à sa disposition. Durant onze mois, le ciel austral fut exploré jusque dans ses dernières limites. Les découvertes dépassèrent toutes les espérances. Un monde nouveau apparut et se développa aux yeux éblouis des savants que le grand Herschell dirigeait. MM. Andrew Grant, Drummont, lieutenant de vaisseau, le major Muller et Hubert Holms, dessinateur de l'expédition, firent sur notre satellite des observations aussi précises que si elles eussent été faites sur terre.

« La première fois que nous fûmes témoins des prodigieux spectacles célestes, écrit sir Herschell, nous restâmes saisis d'une crainte religieuse qui fit trembler nos membres et vaciller notre esprit. Nous nous interrogions des yeux Étions-nous les jouets d'une hallucination? »

Le 10 janvier 1835 commencèrent les travaux de la commission qui, publiés deux ans après, devaient soulever en Angleterre et dans l'Europe une immense émotion. Des terres cristallines, des lacs, des fleuves, des mers se révélèrent aux observateurs; au milieu des blocs granitiques que le vaste champ du télescope leur permettait d'embrasser, un être, un monstre, doué de facultés locomotives, agitait sa tête triangulaire, hideuse. Était-ce là l'homme lunaire, le *Sélénien* de Samosate et de Cyrano de Bergerac?

Cet animal était bipède, dit Herschell; son corps allongé, de la grosseur d'un loup, donnait à sa lourde tête, qui se balançait à droite et à gauche, un aspect affreux. La peau tenait de celle du rhinocéros. Au croupion naissait une queue plate, articulée, terminée par une spatule osseuse qui lui servait à s'élever et à se fixer au milieu des roches. Bientôt il disparut. La surface du sol devint plus unie et des fleurs prolulèrent au spectacle d'une nature riante...

Peu à peu, ce vallon se peupla de créatures ailées, parmi lesquelles sir Herschell distingue trois espèces, qui s'élèvent tellement au-dessus des autres par leur constitution physiologique, qu'elles lui parurent être les vrais représentants de l'Intelligence dans la planète, et constituer indubitablement la race humaine lunaire.

1. Le *sélénien*. Deux pieds huit pouces. Corps souple et vigoureux. Épaules munies de vastes ailes, plus longues encore chez les femelles. Nudité absolue du corps et absence totale de poils, exactement comme dans notre grand-père singe (Clémence Royer *pinxit*). Le sélénien jouit d'un vol très hardi; il plane comme un oiseau de proie et se maintient sur l'eau, qu'il parcourt avec célérité. « Je crois, ajoute Herschell, que le sélénien doit accomplir dans l'atmosphère toutes, ou du moins, la plus grande partie de

ses fonctions. Par un contraste admirable, l'œil est foncé, la chevelure noire, la peau d'une blancheur de lait. Cette chevelure, en retombant par derrière, encadre de sa masse touffue les deux ailes, et rien n'égale la beauté qui résulte de cet accord.

2. Le *Vespertillo*, créature sordide, presque sauvage; une sorte de chauve-souris à la face quasi-humaine. Quatre pieds environ de longueur. Il est presque impossible de distinguer la femelle du mâle. Cet être est sous la domination absolue du Sélénien, qui le traite en esclave. Il est anthropophage, je devrais dire andro-séléniphage.

3. Le *Castor*. Cette espèce, peu étudiée, offre la plus grande analogie avec son homonyme terrestre. Mêmes travaux, mêmes habitudes.

Telles sont, d'après Herschell, les trois variétés du primate lunaire. Le grand astronome les a vues comme je vous vois. »

A ce moment, la lune se glissait malicieusement derrière une nuée, et mon ami Pump disparut à mes regards.

Mais sa voix de fausset retentit encore dans le silence de la nuit. Solennel et fatal, il reprit le fil de sa démonstration.

— Je pourrais, mon cher collègue, compléter ce tableau par l'énumération des êtres variés, étranges, imprévus, que renferment le sol, les airs et les mers lunaires. Il me serait aisé de vous décrire ses mastodontes microscopiques et ses infusoires gigantesques; la nature volcanisée de ses terrains; la richesse de ses mines; ses pierres précieuses aussi communes que les galets; ses montagnes de rubis et de saphirs; ses jours de quatorze fois vingt-quatre heures; ses marées d'une puissance telle, grâce à l'attraction terrestre, que les vagues s'élèvent en cônes jusqu'aux nuages... Mais l'homme lunaire seul vous intéresse, je le vois. Vous voudriez connaître ses passions, ses vertus et ses vices, et les comparer aux nôtres. Herschell est muet là-dessus. Je ne trouve dans ses mémoires qu'un passage relatif à l'amour et le voici :

« Une nuit, nous vîmes une caravane aérienne armée de branches et de rameaux touffus. Elle accompagnait une Sélénienne jeune et jolie, qui s'installa au sommet d'une colline, replia chastement ses ailes sur sa nudité, et attendit. Bientôt, un Sélénien décrivit autour d'elle des courbes gracieuses, puis disparut. Un second mâle, un troisième, un dixième firent le même manège. Indifférente à toutes leurs pirouettes, la jeune femelle ne bronchait pas. Il y en eut un pourtant qui se tint en l'air plus longtemps que les autres. Il était robuste et bien découplé. A sa vue, la Sélénienne écarta ses deux ailes et les fit battre à plusieurs reprises. Le mâle descendit alors auprès d'elle et le couple resta seul. La Sélénienne venait de choisir un époux. En face du ciel et de nous, ils allaient être heureux !...

— Ah ! s'écria mon collaborateur M. Andrew Grant, voilà des êtres qui ont cherché la solitude et qui ne se doutent pas que d'un monde à l'autre !...

Cette réflexion nous inspira une sorte de remords de partager une telle vue ; mais le devoir du savant ne saurait être intimidé par de telles pensées. Pour plus de décence, nous convînmes que je serais seul témoin de ce qui allait se passer à 96,000 lieues de notre rayon visuel

Ici, continua M. Pump, Herschell devient par trop réaliste ; vous me permettrez de ne pas le suivre. Ce qu'il nous apprend est, certes, bien extraordinaire, mais le latin seul peut l'exprimer...

— Et vous croyez tout cela ? m'écriai-je un peu brutalement.

— Hélas, mon ami, dit M. Pump en hochant la tête, faut-il vous dire la vérité ? Cette brochure de sir Herschell, dont je viens d'extraire la moelle, qui eut cent éditions et et qui fit tant de bruit, était l'œuvre d'un mystificateur. Beaucoup de savants y furent pris, mais ils durent se rendre à l'évidence lorsque Herschell lui-même repoussa publiquement la paternité de cet immense canard...

Et comme je souriais en songeant à la crédulité naïve de ces docteurs, mon collègue ajouta, sous forme de conclusion :

— Ne riez pas ! Ce qui était, en 1836, une farce d'astronome en délire, sera demain peut-être une saisissante réalité. Les volcans décrits par le pseudo-Herschell d'alors, M. Klein, de Cologne, et M. Flammarion, de Paris, les ont vus il y a huit jours. L'observatoire est en permanence. Avant la fin de l'année, le Sélénien, le Vespertille et le Castor, ces trois manifestations de la vie et de l'intelligence lunaires, imaginées par un plaisant, seront acquises au domaine scientifique, chaque jour élargi par le patient génie de l'homme. « Dans de telles matières, a dit Arago, le mot *impossible* est plus qu'une erreur, c'est une imprudence. »

Ces lignes étaient publiées lorsque M. Camille Flammarion l'éminent astronome, a fait paraître dans *l'Illustration* une remarquable étude consacrée à l'astre des nuits, dont voici la conclusion :

Cette intéressante question des habitants de la Lune pourrait être résolue de nos jours en même temps qu'un grand nombre d'autres, par un puissant télescope dont la construction ne dépasserait certainement pas un million.

Des études faites dans ce but établissent qu'on pourrait dès maintenant, dans l'état actuel de l'optique, construire un instrument capable de rapprocher la Lune à quelques lieues et même essayer d'établir avec nos voisins du ciel une communication qui ne serait ni plus hardie ni plus extraordinaire que celle du télégraphe et du phonographe.

La France n'a-t-elle de l'or que pour les loteries et les courses de chevaux, et continuerons-nous toujours à rester endormis sur l'oreiller de l'État ? Un bon mouvement, un mouvement inspiré par la plus merveilleuse des sciences, suffirait pour nous doter du plus puissant télescope du monde. — Qui sait ? Pendant que nous discourons ainsi peut-être les habitants de la Lune sont-ils là, au fond des vallées, dans la plaine veloutée de Platon, nous contemplant de leur séjour et préparés à entrer en correspondance avec nous !   CAMILLE FLAMMARION

Notre savant confrère a raison. Puisque à son avis, un million suffirait pour construire ce télescope tant désiré, n'attendons pas le bon plaisir de nos gouvernants. Nous touchons au but. Encore un effort, et la Lune déroulera ses panoramas étranges à nos yeux terrestres. Que l'initiative privée se hâte ; que mille, dix mille, cent mille voix répondent à l'appel du grand vulgarisateur, et la France sera encore une fois la première !

L'auteur de ce livre s'inscrit pour cinq cents francs.

L. de B.

XIX

LA RAGE

....

Il y a environ deux ans, nous accompagnions au cimetière les restes du plus charmant des hommes, du plus adoré des fils. Sur le passage du cortége, la foule muette se découvrait, les femmes pleuraient, la pitié décomposait tous les visages. Celui qu'on emportait là, vers la campagne fleurie, la veille encore était plein des ardeurs généreuses de sa vingtième année. A l'âge où d'autres gaspillent leur trésor de séve, cet adolescent avait connu les âpres labeurs, l'avenir s'ouvrait radieux devant ses pas, la fortune lui prodiguait ses sourires... Et il était mort, mort enragé !...

— Je t'en supplie, va-t'en ! disait-il, au moment suprême, à son père fou de douleur, j'ai peur d'avoir une crise et de te mordre !

Et comme la vieille servante qui l'avait vu naître s'approchait à son tour : « Eloigne-toi, criait le malheureux enfant, je sens que je te mordrai ! »

Mais elle, s'avançant au contraire, et lui présentant ses mains ridées : « Ah ! pauvre cher aimé, disait-elle, les yeux noyés de larmes, si cela peut te soulager et te sauver, mords-moi ! » — Dévouement naïf et sublime !

J'ai revu ces scènes déchirantes en parcourant le livre que vient de m'envoyer M. Joseph Bonjean, l'éminent chimiste de Chambéry. C'est un traité d'environ deux cents cinquante pages, sur le plus horrible et le moins guérissable des maux : *la Rage*. Écrit dans un style simple, à la portée de tous ; rempli d'observations et de faits, attachant par des anecdotes vivantes, instructif par les détails curieux et peu connus qu'il renferme sur les diverses formes de l'affreuse contagion, utile surtout par la description très complète des symptômes précurseurs de la rage chez les animaux domestiques, cet ouvrage d'un vulgarisateur répond à un besoin réel, et nous voudrions le voir entre les mains de tous les habitants éclairés de nos campagnes.

Rien, en effet, ne saurait valoir, comme préservatif, la possibilité de saisir le moment où l'animal enragé va devenir dangereux ; et dès qu'il existe des signes caractéristiques de la rage, autres que les accès de fureur accompagnés d'envie de mordre, il est facile de comprendre combien il est utile de propager le plus possible ces importantes notions dans le public.

« C'est dans ce but, déclare M. Bonjean, que j'ai écrit ce livre, fruit de dix-huit ans de recherches, non point pour les hommes de l'art, qui possèdent des traités spéciaux sur la matière, mais pour la masse du public, afin que, connaissant le mal et ses symptômes, chacun puisse prendre pour sa sécurité et celle d'autrui toutes les mesures propres à rendre l'animal qui en est atteint absolument incapable de nuire. »

La rage a été connue de toute antiquité. Cinq siècles avant Jésus-Christ, Démocrite, contemporain d'Hippocrate, traite de la rage du chien, celle de l'homme n'ayant été constatée que longtemps après. Celse, l'élégant écrivain du premier siècle de notre ère, lui consacre un chapitre, et préconise, exactement comme nos savants docteurs, la cautérisation et la succion des morsures. La médecine moderne n'est donc, à cet égard, pas plus avancée qu'il y a dix-huit cents ans, et tout homme mordu est un condamné à mort, que le fer rouge, appliqué à temps, ne réussit pas toujours à sauver.

Il faut lire la longue liste des remèdes rationnels ou empiriques tour à tour expérimentés par la médecine aux abois.

À côté des injections sous-cutanées de chloral et de perchlorure de fer, des infusions de *datura* et de *jaborandi*, figurent des moyens mystiques comme la *clé de Saint-Hubert*, le *saloudadou*, ou septième garçon d'une même mère, l'omelette cabalistique, et des recettes de bonne femme, comme celles de M. de Saint-Paul, du baron de Franclieu, de Mmes Fouquet et Tallien, de Julien Paulmier, le spécifique bordelais, etc., etc.

« Il n'y a pas à protester, dit M. Bouley (*Dictionnaire de médecine*) contre ces pratiques au nom de la science et de la raison. La raison doit avouer, au contraire, qu'elles constituent un traitement moral qui ne laisse pas d'avoir son importance ; et quand même saint Hubert ne réussirait, après tout, à l'aide de sa clé d'or, de son étole et de sa châsse, qu'à délivrer ceux qui ont foi en lui de toutes les tortures auxquelles ils sont en proie pendant la durée de l'incubation, il y aurait lieu de reconnaître le pouvoir bienfaisant de ce saint, ou, pour mieux dire, de son culte, et de faire des vœux au nom de ceux que le Christ a appelés les *pauvres d'esprit*, pour que sa bienheureuse influence ne cesse pas sitôt. »

L'impuissance de la médecine est tout entière dans ces dix lignes. Contre la rage déclarée, il n'y a donc rien à faire, absolument rien, et l'on comprend que M. Bonjean, pour l'acquit de sa conscience, ait cité dans son livre l'omelette aux *dessous* d'écailles d'huîtres et les tartines au beurre de plantin comme palliatifs des effets moraux du terrible mal.

Parmi de précieux documents, je choisis le suivant, que

je ne saurais trop engager tous mes lecteurs à graver dans leur souvenir. Il a trait aux symptômes qui précèdent, chez le chien, les accès de fureur dangereuse. Symptômes très peu connus, du reste.

« Le chien enragé est presque toujours en proie à une inquiétude sans but, à une agitation dont il est impossible de trouver la cause. *Il va, vient, rôde incessamment* d'un coin à un autre; *continuellement il se lève et se couche, et change de position* de toute manière. Il dispose son lit avec ses pattes, le refoule avec son museau, pour l'amonceler en un tas sur lequel il semble se complaire à reposer sa poitrine, puis, tout à coup il se redresse *et rejette tout loin de lui.*

» S'il est enfermé dans une niche close, il ne se tient pas un seul moment en repos. Il tourne sans cesse. S'il est en liberté, il semble à la recherche d'un objet perdu, et fouille tous les coins et recoins de la chambre avec une violente ardeur qui ne se fixe nulle part.

» L'animal est en proie à une sorte de délire caractérisé par de véritables hallucinations. Il se livre à des actes qui prouvent bien que son imagination est assiégée par des fantômes. Il exprime la sensation douloureuse que lui cause le spasme de son gosier en faisant avec ses pattes de devant, de chaque côté des joues, les gestes propres au chien dans la gorge duquel un os est arrêté.

» Enfin, toutes les fois qu'on voit un chien ou tout autre animal domestique perdre ses habitudes tranquilles, devenir triste, inquiet, agité, se livrer à des mouvements désordonnés, il faut en toute hâte le faire examiner par un vétérinaire, et s'en séparer sur le champ. »

Pour terminer, je me borne à reproduire l'émouvant récit emprunté au *Mont-Cenis* du 18 mars 1874, sous ce titre : *les Révélations d'un enragé*. Un homme digne de toute confiance, mordu par un chien enragé, et qui a souffert tous les accès de la rage, y raconte ses douleurs et la façon dont il a été guéri.

» J'étais surpris, dit-il, de voir apparaître d'un cabinet noir des personnages qui me parlaient, des rats, d'énormes arraignées qui montaient le long des meubles, toujours par côté! Ensuite, il partait à l'improviste et au moment où je m'y attendais le moins, des étoiles filantes, toujours de l'angle interne à l'angle externe de l'œil, ce qui me forçait instinctivement à détourner la tête. Elles concordaient avec un frémissement général de la peau et un sentiment de terreur indicible. Dans les lieux obscurs et pendant la nuit, il m'arrivait de voir mon logement illuminé comme par un éclair de la foudre.

» Voyant que rien n'arrêtait la marche de cet agent mystérieux, j'eus recours au *datura stramonium*, dont le père Lagrand, missionnaire catholique, avait révélé l'efficacité merveilleuse, il y a une quinzaine d'années. J'en pris une forte dose, quatre à cinq feuilles, et je me mis à écrire, non sans quelque difficulté.

» Une demi-heure après, une forte commotion électrique, comparable à une fusée d'artifice, me parcourut tous les membres, produisant dans toute la peau une sensation de chaleur et un frémissement général, accompagnés d'une envie de fuir et d'une terreur indéfinissable.

» Il me sembla avoir dans les yeux tout un feu d'artifice; je rebondis comme mû par un ressort. Au même instant le transport au cerveau se déclara et je perdis la conscience de mes actes...

«   Le lendemain, j'étais guéri. »

XX

LES MITRAILLEUSES VIVANTES

Ceci est un drame, et j'ajoute, non sans témérité, un drame naturaliste. Entendons-nous, d'abord, sur ce mot.

Jusqu'à présent, je me croyais très sincèrement naturaliste. A celui qui m'eût demandé : Qu'entendez-vous par cela ? j'aurais répondu tout franc : Le naturaliste est l'observateur attentif des phénomènes de la Nature, le contemplateur enthousiaste des beautés dont elle abonde. Ce n'est pas, comme le croit le vulgaire, un maniaque amateur de papillons, de fleurs sèches, de cailloux ou de lézards confits ; mais bien l'homme qui va cherchant par toute la terre les rapports, les harmonies des créatures entre elles et avec l'ensemble général, les qualités qui les distinguent, leur admirable organisation. Son large coup d'œil embrasse l'universalité des choses créées. Dans ce grand et sublime livre, dont les pages sont ouvertes devant lui, il apprend à connaître son Auteur. Mais il ne se borne pas à une froide nomenclature ; il ne se perd pas dans les détails mesquins d'un catalogue. Si l'analyse et de minutieux travaux l'absorbent souvent, son cœur n'est pas fermé aux émotions que la Nature évoque. Il sait traduire le plaisir et l'étonnement que lui causent ses œuvres magnifiques ; il est même poète, à ses heures. Son âme s'élève et se sent grandir ; tout entier aux tableaux qui l'enchantent, il repousse loin de lui les pensées mauvaises, les actions basses, les passions ignobles. Et lorsque, attristé par le spectacle de nos folies ou de nos crimes, son esprit se détourne, il revient à la Nature, toujours belle et toujours bienfaisante, comme à la seule source du vrai, du beau, de la perfection !

Mais voici venir un monsieur qui dit : « Je suis naturaliste. » Je le considère. Et que fait-il ? Il se plante devant une remarquable charogne, la décrit avec amour, et prétend que nous devons y voir mille beautés. Avec un soin de père, il dénombre ses hideux lambeaux, classe ses puanteurs et en fait une symphonie. Pas une tripe, pas un asticot n'est oublié. Soixante pages là-dessus.

Un autre se carre voluptueusement autour d'une superbe fiente. Il la flaire, la hume, s'en pénètre, s'y vautre, vous en barbouille, en badigeonne les voisins ; après quoi il s'écrie : « Voilà de l'art, de l'art pur ! » — Et des badauds répondent : « Il a raison ; comment avons-nous pu vivre jusqu'à ce jour dans une telle ignorance ! C'est ma foi vrai, cette charogne, cette fiente sont admirables ! Laissons le vulgaire s'en détourner avec horreur ; mais nous, l'élite des raffinés, célébrons-les, immortalisons-les par la plume et par le pinceau ! » Ces gens forment une famille, une école, une église naturalistes. Ils ont un maître qui donne le ton ; un langage et un style qui donnent le mal de mer. L'avenir est à eux, dit-on. — C'est triste.

Et maintenant, à mon drame.

Depuis cette fameuse matinée des funérailles d'un bengali où le colonel R..., ce voisin que vous savez, m'avait si victorieusement démontré mon ignorance et le génie de certains insectes, j'avais à cœur de prendre ma revanche. L'occasion s'offrit peu de jours après. En repiquant mes fraisiers, je découvris, sous une vieille brique, toute une nichée de brachines bombardeurs (*Brachinus explosor*, de Linné). Ces jolis tirailleurs, oubliés par Michelet, le colonel ne devait pas les connaître. Et je jubilais à la pensée de le battre, ce vieux foudre de guerre, sur son propre terrain, l'artillerie.

— A quel moment, lui demandai-je, croyez-vous qu'ait été inventée la mitrailleuse ?

— La mitrailleuse ? hum! attendez donc; je me suis laissé dire qu'après la bataille de Pavie, un pauvre diable d'inventeur présenta au roi une machine

> D'invention subtile et fine
> Qui, sans se charger qu'une fois
> Et non quatre, ni deux, ni trois,
> Tirait cinquante coups de suite,
> Tant était rarement construite.

Le roi prit le placet, haussa les épaules et fit enfermer à bicêtre le canonnier-poète. Si la chronique ne ment pas, c'est donc en l'année 1525 que remonterait la première idée du canon à balles, dont nous avons fait, hélas! un si maladroit usage en 1870.

— Colonel, vous retardez. La mitrailleuse existe depuis la création. Noé en mit deux dans l'arche, un mâle et une femelle.

— Ah! ça, voyons. Que signifie ce coq-à-l'âne?...

— Prenez donc la peine de me suivre jusqu'au bout de ce carré de fraises; je vous montrerai là tout un parc de bombardes à plusieurs coups, qui vivent, qui ne se chargent point et qui partent par la culasse.

Le colonel se mit à m'examiner avec intérêt. A ses yeux, évidemment, je méritais le sort de l'inventeur qu'il venait de citer.

— Vous n'ignorez pas, lui dis-je en l'entraînant vers ma brique aux brachines, que la nature a doué le faible, l'infiniment petit, de facultés prodigieuses. Les énergies vitales, quintessenciées dans son corps microscopique, se traduisent en féeries de couleurs, en orgies de lumières, en foyers de forces inouïes. A l'un, elle a donné des armes terribles, des poisons mortels ; à l'autre, des muscles dont la puissance confond notre raison. Donnez au bœuf les jarrets de la puce, qui saute à un mètre, et d'un bond, ce bœuf franchira le Mont-Blanc !...

— C'est exact, approuva mon voisin.

La loi de nature, repris-je, c'est la destruction universelle. L'insecte est fait pour dévorer. Il est tout ventre, tout mâchoires. Armé jusqu'aux dents, toujours en appétit, jamais repu, c'est lui le grand purificateur. Pour remplir cette mission, Dieu lui a forgé des arsenaux de dards, de griffes, de cimeterres, d'épées, de poignards et de faulx. Mais cet implacable voyageur, livré à lui-même, eût dépassé le but. Il a ses ennemis. Comme il est armé pour le carnage, d'autres sont cuirassés pour la résistance. Il y a des boucliers qui parent ces terribles estocades, des liquides corrosifs qui magnétisent, dans leurs lourdes armures, ces ogres indomptables. Le fort, souvent, tombe sous les coups du faible. Là aussi, il y a des justiciers. Le droit existe et triomphe de la force brutale. Ainsi s'établit l'équilibre.

Nous étions arrivés. D'un coup de pied, j'envoyai la brique à deux pas et, montrant à mon compagnon la petite famille de brachines qu'elle abritait un instant avant, je lui dis simplement : « Voilà ! »

Effarés, les pauvres petits insectes ne comprenaient rien à ce cataclysme qui pour la seconde fois en un jour, faisait brusquement entrer le soleil et le grand air dans leurs mystérieuses retraites. Ils allaient et venaient comme des fous. A peine avait-on le temps d'admirer leurs jolis élytres d'un beau bleu bronzé, leur corselet fauve et les mignonnes épaulettes d'or, uniforme du régiment, qui décoraient leurs hanches carrées.

— Est-ce là votre artillerie ? demanda le colonel, qui se reprenait à douter de mon intellect.

— Vous allez l'entendre, répondis-je en homme sûr de son fait. Accordez-moi seulement cinq minutes d'attention, et vous assisterez à une véritable exécution militaire, avec feux de peloton, feux de tirailleurs, bombardement général…

Je n'achevai pas. Un de ces gros carabes dorés, vulgairement appelés *jardinières*, que vous avez rencontrés cent fois dans vos promenades d'été, se montra tout à coup à l'angle du carré de fraises. Il galopait de ses six pattes, le gaillard, comme un affamé qu'il était. Son air menaçant, ses yeux farouches, ses mâchoires largement ouvertes, qu'il faisait grincer l'une contre l'autre, tout en lui semblait dire : « Hum ! ça sent la chair fraîche. » — Ah ! l'ogre !…

— Tiens ! fit le colonel, voilà un de mes gardes champêtres. Sans lui et ses vaillants camarades, je serais infesté de limaces.

— Saluez-le, il va mourir. Et ce sont, oui, monsieur, ces faibles mouches bleues si craintives, si gentilles, si tendres, qui vont avoir raison de ce colosse. Regardez !…

Le carabe, hardi comme Attila, courait sus à toute cette valetaille dorée. En deux temps il tomba la gueule ouverte sur une appétissante et grassouillette femelle, dont il n'eût fait qu'une bouchée, lorsque : *Pan ! pan !* deux coups de feu retentirent. Un nuage de fumée âcre enveloppa le goulu, qui, tout étourdi, s'arrêta. La pauvrette était sauvée !

La chose avait été si prompte, que mon compagnon ne s'était pas rendu compte du phénomène. Il n'avait pas vu sortir de l'abdomen de l'insecte menacé, une gouttelette de liquide détonant, qui, prenant feu à l'air, avait causé ce bruit, cette fumée, et cette paralysie soudaine de l'agresseur. Je lui expliquai tout cela. Linné, Latreille, Fabricius et Boitard, consultés le matin, me fournirent de triomphantes citations, sous lesquelles je le pulvérisai. La meilleure et la plus victorieuse, au reste, n'était-elle pas sous nos yeux ?

Avertis du danger, mes braves insectes s'étaient transmis le mot d'ordre. Face à l'ennemi ! Et pendant que le carabe, plus affamé que jamais, faisait mine de recommencer le pourchas, nous les vîmes, par groupes de deux ou trois, gagner les hauteurs d'une motte inaccessible, où chacun prit son poste de combat. Par les meurtrières de ce block-haus improvisé, les brachines pointaient leurs petits derrières; tout en haut, le chef surveillait la manœuvre. C'était merveilleux.

A la première tentative d'escalade, le glouton reçut en plein museau une mousquetade bien nourrie. — Pif! paf! pan! pan! boum! faisaient les assiégés. Ah! mais!

Suffoqué par la vapeur, atteint peut-être par quelques gouttes de ce liquide corrosif, le carabe mordit la poussière. Une bave brune et fétide jaillit entre ses mandibules, qui grinçaient à vide. Ses pattes tremblaient convulsivement; de ses antennes fébriles, il frottait ses gros yeux aveuglés; tout son corps semblait secoué par une affreuse colique de *miserere*.

— Bien touché mes maîtres! cria le colonel, heureux de se retrouver dans son milieu favori, au sein de l'enivrante fumée des batailles.

Quelques minutes s'écoulèrent. Le spasme nerveux du carabe prit fin. Honteux peut-être de cette demi défaite que les mirmidons venaient de lui infliger devant nous, il voulut rentrer en lice, remonter à l'assaut, faire ses preuves de vaillance. Le présomptueux! Alors tout le bataillon de brachines — dix-huit en tout — forma le cercle, les têtes en dehors, les culs en avant. Ces trois batteries de mitrailleuses donnèrent à toute volée. Pas de commandement, pas de méthode. Tir à volonté! Mais il fallait voir l'effet. Le monstre, le colosse, à lui seul plus pesant que vingt douzaines de brachines, se tordit encore sur le sol arrosé de sa bave visqueuse. Il agita dans le vide ses membres contractés. Les angoisses de la mort se traduisirent par quelques soubresauts suprêmes, et quand paralysé, brûlé, aveuglé, il fut incapable de se défendre, la meute des petits et des faibles se rua sur ce corps gigantesque, pour l'appétissante et glorieuse curée!...

XXI

LES NOCES D'UN VER LUISANT

ous est-il arrivé quelquefois, les soirs d'été, de rencontrer une noce bourgeoise dans la forêt de Vincennes ?

On vient de dîner au cabaret voisin. Les têtes sont chaudes; les cœurs aussi. Une dernière tournée de champagne a mis des flammes dans les yeux. Chacun y est allé de sa chanson. Toutes les gaudrioles sont dites. La dernière, à faire rougir un peloton de gendarmes, chevaux compris, a transporté d'aise les demoiselles d'honneur. On renchérirait bien, mais des mamans énormes ont dit : « Assez ! »

D'ailleurs, le sac aux histoires est vide, et la nuit est là. — Allons, dit un aïeul, que le civet a mis à mal, et qui soupire en bourrant son habit de petits fours assortis. — Allons ! répète tendrement le marié, qui voit poindre à l'horizon l'étoile bienheureuse du berger...

L'épousée, toute rouge, se pend à son bras. Sa couronne posée sur l'oreille lui donne un air coquin en diable. Elle est même un peu grise, l'innocente. — Allons... fait-elle.

Bras dessus, bras dessous, les couples se reforment. — Si nous prenions l'air du bois ? propose quelqu'un. — Bravo ! répondent des voix flûtées. — Moi, s'écrie un luron, je vais cueillir des vers luisants. Qui m'aime me suive !

Une fusée de gaîté salue cette motion. Friandes d'un petit tête-à-tête dans les sentiers perdus, les fillettes battent des mains. En un instant, la noce s'éparpille dans la forêt ; et, pendant que les mères se livrent à de graves débats, que les anciens se racontent leur nuit de noces, les fourrés s'emplissent de refrains, d'éclats de rire, de libres propos, et de petits cris étouffés...

Voilà pourquoi, sous le ciel d'août resplendissant d'étoiles, m'apparut un soir, semblable au Serpentaire ou à Cassiopée, le cortège magnifique d'un mariage de confiseur. Je vis festonner au long des haies, guimpes, corsages et chapeaux tout diamantés de vers luisants ; jaloux de ces trésors je voulus, moi aussi, posséder la mouche flamboyante, et voici l'épopée shakespearienne dont je fus le témoin stupéfait et ravi.

A deux pas, dans l'herbe épaisse, étincelait le phare de la luciole désirée. Retenant mon souffle, je m'approchai, comme un roi mage, et je m'agenouillai devant le trône : un brin de menthe sauvage.

L'insecte, sorte de larve aptère et déplaisante, montait lentement sur la tige velue, déroulant ses anneaux embrasés. Je reconnus la femelle du *Lampyris noctiluca*, aux six pattes écailleuses, à l'abdomen formé de segments anguleux, et la loupe en main, j'attendis.

Parvenu, non sans peine, au sommet de la plante, le ver prit place sur une feuille bien en vue, qui dominait comme la terrasse d'un minaret toutes les graminées d'alentour. Là, ses feux redoublèrent. Un foyer ardent s'alluma sur son ventre et fit miroiter, pareilles à des lustres, les gouttelettes de rosée. Le velours des feuilles, baigné de cette lumière vivante, avait des chatoiements d'opale et d'émeraude. Dans le rayon coloré de mille reflets que tous ces prismes liquides décomposaient, des phalènes dansaient une ronde cadencée. Quelle fête pour les yeux de ce petit monde aux ailes d'or ! J'eus un moment l'illusion de Mabille, vu de loin par le gros bout de la lorgnette, et je cherchais l'orchestre invisible, lorsqu'un coléoptère, attiré lui aussi par le fanal phosphorescent, tomba tout étourdi sur la feuille de menthe.

C'était le lampyre mâle.

Oblong, bien fait, galamment coiffé d'un corselet diaphane, les yeux gros et pleins d'audace, les antennes gracieuses et expressives, les mouvements lestes, vifs, hardis, tel était l'amoureux. Car, il faut bien le dire, c'est l'amour qui avait allumé ce flambeau dans la prairie ; c'est le désir, la soif de plaire et d'être aimé qui parlait, qui se traduisait en lettres de flamme sur ce ver transfiguré. Certaines femelles ont l'harmonie des formes, le prestige des couleurs, de petits cris ou des parfums. Le ver luisant, au contraire, est humble et disgracieux. Il se cache le jour, solitaire et dédaigné, sous quelque abri discret, pendant que son mâle butine parmi les fleurs. — Comment se retrouver ?

Mais vienne la nuit propice, et l'amoureuse revêt sa parure, mille fois plus belle que des rivières de diamants. Un ruisseau de feu coule de ses flancs avides, consumés de visibles ardeurs. Tout pâlit devant ce fragile vermisseau. L'or poli des cuirasses, l'argent niellé des corselets, les plumes des panaches, la bigarrure des ailes, la pourpre et le brocart tant prodigués au soleil de midi, disparaissent dans l'ombre humide de la nuit. Seule, une misérable chenille a le don de percer ces ténèbres, d'illuminer ces profondeurs, pleines de mystère et de sommeil. — O sublime métamorphose !

Guidé par cette étoile, l'insecte errant vole vers l'objet aimé. Pour lui, le flambeau de l'hymen n'est point une poétique métaphore. C'est une réalité scintillante qui l'appelle, l'éblouit et l'embrase. L'autel, une feuille aux parfums ex-

Parvenu au sommet de la plante, le ver luisant prit place sur
une feuille bien en vue.

quis et troublants, aux moelleuses cachettes, reçoit ses adorations. L'astre descend de ses hauteurs et deux êtres, confondus dans une étreinte insaisissable, répandent autour d'eux des torrents de lumière et de vie !

Venez maintenant, darwinistes, mes amis et frères. Expliquez-nous, par votre théorie atomique et votre sélection naturelle, ce beau prodige d'amour. Donnez-nous la formule de ce miracle qui chaque nuit d'été, depuis le commencement du monde, se renouvelle dans nos champs. Cherchez ! Et si vous ne découvrez pas Dieu, je vous prie de me dire qui c'est.

Mais revenons à l'odyssée.

Roméo était toujours là, abîmé dans la contemplation de sa fulgurante Juliette. Dressé sur sa dernière paire de pattes, la tête haute, les yeux fixes, il adorait sa fiancée. — Qu'elle est belle ! devait-il dire en sa langue de lampyre. Je crus voir Sivà en extase devant la divine Saraçouâtı. — Ah ! que la noce du confiseur était loin !...

Peu à peu, la rétine du galant s'habitua à tant de splendeur. Ses palpes, puis ses antennes se mirent à tourner; il brossa ses étuis transparents, épousseta son couvre-chef et peigna soigneusement toute sa petite personne. Tel l'adolescent coquet rajuste son nœud de cravate, attire ses manchettes et donne un tour vainqueur au duvet de sa lèvre.

Suspendue à l'aisselle d'une foliole, la mignonne regardait ces préliminaires charmants. Point de signes ni d'agaceries. Avait-elle besoin d'efforts ? Quel moyen de résister à l'éloquence de ses flamboyants attraits ? Je distinguai pourtant, dans cette auréole qui s'exhalait autour d'elle, une sorte de reflux qui semblait décupler l'intensité des ondes lumineuses. Des frissons de plaisir soulevaient ses anneaux débordants de clarté. Le phosphore coulait à pleins bords. J'avais devant les yeux l'image réelle des feux dévorants que la Mythologie antique prêtait à l'Amour. Mon imagination élevait ces deux êtres au-dessus de toutes les créatures; elle les faisait grands, nobles et beaux. Et j'oubliais le monde en les admirant !

Bientôt, le joli chevalier fit cliqueter les pièces de son armure. Ses cornes élégantes et ses pattes hardies eurent des gestes pleins de caresses et de provocations. Fier, entreprenant et superbe, il gravit en deux enjambées le brin de tige qui le séparait de sa dame, et je les vis se confondre tous deux, sur le hamac embaumé, dans une gerbe d'étincelles...

Que vous dirais-je ?... Au moment de pénétrer, vil témoin, ces mystères sublimes, j'eus honte de mon indiscrète curiosité. Je voulus détourner mes regards. Je désirais savoir, et je n'osais pas... Un invincible attrait faisait converger mes esprits vers ce théâtre minuscule, et je ne sais quel sentiment de pudeur me criait : — « Va-t'en ! ta place n'est pas là ! »

La nature prévoyante devait trancher ce débat. En même temps que le mâle entrait, tout ému, dans le cône lumineux projeté par le lampyre, celui-ci souffla tout net sa lanterne. Le silence et les ténèbres succédèrent à cette féerie d'amour, et je ne vis plus rien, qu'une vague lueur flottante au sein de mes paupières fatiguées.

Le roman se fermait — hélas ! — à l'avant-dernière page.

Deux minutes après — eh ! mon Dieu oui, deux minutes, — les feux se rallumèrent. Je revis la feuille, les gouttes de rosée et la nonchalante donzelle encore étendue sur son sofa pelucheux. Tout était consommé.

Flageolant des jambes, les antennes fripées, gris d'amour, le lampyre reprenait haleine. Il répara tant bien que mal le désordre de sa toilette, lustra ses élytres d'une patte convulsive, donna du jeu à ses membranes, étendit languissamment ses ailes de gaze et, d'un vol étourdi, s'enfonça dans l'immensité !

XXII

L'AME DES BÊTES

Vous souvenez-vous de ces deux pauvres orangs, si
doux, si tendres, si gracieux dans leur laideur, dont
l'agonie lente a passionné tous les visiteurs du Jardin
d'acclimatation, et que ce dernier automne a fait mourir?

Un barnum a acquis leurs cadavres, et s'est avisé de les
exhiber dans un bal public. C'est-là que j'ai voulu revoir
une dernière fois les intéressants quadrumanes, — nos ancêtres, selon la doctrine darwinienne.

Insouciante, la foule des danseurs tourbillonne devant
ce couple qu'immobilisa pour jamais l'industrie d'un em-
pailleur. Attitude, expression, gestes, tout y est ; le groupe
est saisissant. Alphonse a conservé dans la mort ces petites
mines de bébé coquin, ces tours de bras arrondis pour une
caresse, ces airs de tête qui firent courir tout Paris. Il va
crier : « Papa! » croirait-on. Le père, que nous connû-
mes si navré depuis la perte de sa compagne, apparaît superbe, développant ses muscles. Les yeux semblent avoir
conservé la vision splendide des savanes inexplorées. Ils
regardent, vifs et clairs, dédaigneusement, la tourbe bête
des filles et des habitués de bals publics.

Comme je contemplais le couple, un homme dont les vêtements vulgaires faisaient contraste avec les atours criards

de ces dames et les vestons collants de leurs amis, enveloppait les orangs d'un regard tendre. « Pauvres, pauvres bêtes! » gémissait-il.

— Pourquoi, mon brave, plaignez-vous ces singes empaillés? demandai-je au sensible inconnu. Ne sont-ils pas plus heureux là, dans ce palais, sous ces lumières, au milieu de ces élégances, que dans la cage infecte où je les ai vus grelotter la fièvre et mourir d'anémie?...

L'étranger me toisa d'un air choqué ; puis simplement, en homme sûr de son fait : « Ils sont morts d'amour, » fit-il.

Je voulus protester : « C'est la phthisie, insistai-je, qui tue ces misérables victimes d'une utopie généreuse : l'acclimatation. La science le sait, et l'autopsie démontre...

— Ah! parlons-en, de votre autopsie! je la connais, l'autopsie! Jamais deux savants d'accord. J'y étais, d'ailleurs à l'autopsie ; on m'a même beaucoup consulté. Pas la moindre lésion dans l'organisme, point de névrose, pas trace de tubercules dans les poumons, rien. Je vous le répète, ils sont morts d'amour! »

Quel était donc cet homme, à la livrée du travail, qui parlait, sur ce ton familier, anatomie et pathologie comparées?

— Faut pas que ça vous étonne, ajouta-t-il, je suis Cadet, l'inspecteur des animaux au Jardin d'acclimatation.

Je me mis à interroger Cadet. Savants, mes frères, quel luron, ce Cadet! Quelles idées larges et neuves sur le monde des bêtes! Et quelle éloquence avec cela! Écoutons Cadet :

— Vous ne pouvez pas, vous autres savants qui fabriquez des livres sur un muscle, une cellule ou un viscère, vous figurer ce que je vois et apprends chaque jour avec mes pensionnaires. Ce sont des bêtes! dites-vous, et vous passez outre, n'étudiant que les différences de l'organe et jamais les similitudes, les parallélismes de l'intelligence, de la pensée. J'en sais long là-dessus, moi, simple ouvrier. Ah! si je pouvais écrire ce que je sens, je ferais un ouvrage sur l'AME de ces êtres que vous martyrisez, que vous découpez vivants, que vous assassinez pour vos cruelles et inutiles expériences!

Le gaillard avait raison...

— Continuez, Cadet, lui dis-je d'un ton paternel qui le flatta.

— Oui, monsieur, les animaux ont une âme, comme vous, comme moi, comme tous les êtres créés. Quoi! Troppman, Dumollard, Prévost, Menesclou auraient une âme, et le chien qui meurt de faim sur la tombe de son maître, le lion d'Androclès qui reconnaît, après vingt ans, l'esclave auquel il dut la guérison d'une blessure, l'oiseau qui bat joyeusement des ailes à votre vue, l'araignée mélomane de Pellisson, seraient privés de ce souffle sublime?...

Ces singes, je les ai vu mourir. Vous eussiez pleuré! « Le père nous arriva maigri, désolé de la perte de celle qu'il avait aimée là-bas, dans les forêts, et qui lui avait donné ce fils. Dès ce moment, je le vis condamné : Plus de joie, plus d'appétit, pas de ces folles gambades dont ses congénères lui donnaient l'exemple : inconsolable! A certains moments, je les surprenais enlacés, se couvrant de caresses folles. Je cherchais à calmer leur peine. « Allons, disais-je, on vous la rendra, votre orang-outanne! » Le vieux comprenait. A ce mot, ses yeux se noyaient; ses bras se tendaient vers l'ombre de la chère morte, une moue désolée allongeait ses lèvres, et il poussait de petits cris à fendre le cœur. L'enfant, alors, se jetait au visage du papa, buvait ses larmes, embrassait à pleine bouche son front ridé, ses mains et ses mamelles de mâle. Tous deux semblaient ne faire qu'un corps, tant était étroite leur étreinte désespérée. Et rien ne pouvait les séparer ni les distraire, les pauvres! Ils se fondaient littéralement à **force de s'aimer**

et de se le dire. Un matin, je les ai trouvés mourants. Le
vieux a tourné l'œil, le fils a suivi de près... — Citez-
moi beaucoup d'hommes qui se périraient ainsi? Et vous
dites qu'ils n'ont pas d'âme!...

« Qu'est-ce que l'âme! reprit mon enragé philosophe,
dont le bon sens et l'érudition me confondaient absolument.
D'après Bossuet, c'est ce qui nous fait penser, entendre,
sentir, raisonner, vouloir; c'est le foyer de la personnalité
humaine. Eh bien, ne trouvez-vous pas tout cela chez l'animal? La générosité, l'oubli des injures, la magnanimité, tous
ces sentiments si nobles, apanage prétendu de l'homme, je
les vois dans le caniche que vous battez et qui vient lécher
votre main; la charité, le dévouement, l'affection sans
bornes, je les vois encore dans ce chien de l'aveugle, qui
ne mange que si son maître a du pain de reste, qui harcèle
le passant pour lui arracher un petit sou et qui, sa sébile
pleine, va tout joyeux la verser dans le gilet de son ami.
La noblesse, la fierté, l'orgueil, ne les voyez-vous pas chez
le cheval de race, qui devine jusqu'à la pensée de son
guide et mourrait plutôt que de manquer à son devoir?
Le courage, l'énergie quasi virile, la témérité même, je les
ai vus à Reischoffen, à Patay, à Coulmiers, lorsque ces
chevaux de cuirassiers ou d'artilleurs, privés de ration,
assoiffés, mourants, retrouvaient à la voix de leurs maîtres
leurs jarrets de parade, et la fougue des charges héroïques
« Qu'est-ce que cela, sinon la faculté de sentir, de vouloir, attributs divins de l'âme humaine? Je sais que Des-
cartes (il est étonnant, ce Cadet!) appelle les bêtes des automates. L'âme sensitive le gêne; il s'en débarrasse, rédui-
sant à un pur mécanisme celles des facultés de l'animal qui
lui sont communes avec l'homme. Mais la charité de la
poule, qui, ayant couvé des canards les nourrit comme ses
poussins, et se désole lorsqu'elle les voit barboter dans la
mare; celle de la fourmi, qui, dans les batailles livrées par
son espèce, panse les blessures des combattants; mais

l'amour sublime du fauve, qui, faisant tête aux chasseurs, résiste jusqu'au dernier souffle pour sauver ses petits; et l'immense douleur du lévrier, refusant toute nourriture jusqu'au jour où le maître perdu reparaît enfin; et le dévouement du terre-neuve de Murcie, vingt fois replongeant dans la plaine inondée, pour arracher aux flots quelques victimes, sont-ce là des facultés sensitives ou des mouvements d'automates?

« Raison, entendement, sensibilité, volonté, tout ce qui constitue l'individualisme humain, le *moi*, je le vois généreusement étendu à tous, et donné au moindre des êtres.

« De deux choses l'une, ou la thèse matérialiste suffit pour expliquer ces dons merveilleux, — en ce cas, l'homme lui-même n'est qu'un automate plus parfait; — ou vous accordez à l'humanité la substance immatérielle d'une âme, et vous ne pouvez pas la refuser aux bêtes. Tirez-vous de là! »

Je l'avoue, la logique de Cadet me laissait sans parole. Un mauvais argument s'offrit à mon esprit, et, le lançant, comme la flèche du Parthe, dans les jambes de mon terrible métaphysicien :

— De telle sorte, insinuai-je, que l'âme humaine étant immortelle, et celle des animaux, fille de Dieu comme elle, ayant les mêmes qualités : noblesse, élévation, bienfaisance, amour, grandeur, héroïsme, douceur et abnégation, il advient que l'une et l'autre sont sœurs, que l'une et l'autre sont impérissables et divines. Est-ce exact? — Exact, opina Cadet.

— D'où je conclus que vous n'avez plus le droit d'attenter à la vie des animaux, frères de votre âme : qu'en immolant un bœuf, vous commettez un assassinat; qu'en abattant une perdrix, vous souillez votre âme; que le moindre bifteck, la plus vulgaire tête de veau à l'huile, le plus mince pigeon à la crapaudine ont des âmes vengeresses qui vous poursuivront dans ce monde et dans l'autre ;

d'âmes d'oiseaux, de crustacés, d'insectes et autres bestioles. C'est grave, cela, Cadet.

Il me regarda de son haut avec un mépris superbe, et tel que Camille à son frère Horace :

— Tenez ! vous, vous n'avez pas d'âme !

XXIII

LA CONQUÊTE DE LA FOUDRE

Choisissez, dans la pléiade des morts illustres de la première moitié de ce siècle, un homme du savoir le plus étendu, de l'esprit le plus clairvoyant, de l'expérience la plus consommée, et mettez cet homme en présence d'un de ses contemporains, qui, doué d'une sorte de prescience des choses, lui ait tenu ce langage :

« Un jour, avant vingt ans, la foudre qui aveugle et tue sera l'esclave obéissante de tous les peuples de l'univers. C'est elle qui se constituera le messager et l'auxiliaire docile de leurs intérêts, de leurs passions, de leurs moindres fantaisies. Emprisonné dans un fil métallique d'une extrême ténuité, ce mystérieux et terrible agent, désormais dompté, suivra jusqu'au bout du monde la voie que l'homme lui aura tracée, et sans s'en écarter jamais, transmettra d'un pôle à l'autre, à travers les vallées, les monts, les fleuves et les océans la plus admirable manifestation de la pensée humaine, la parole.

« Ce jour-là, toute distance sera supprimée. Semblable à l'imagination géniale qui franchit, d'un coup d'aile, les plus vastes étendues, la volonté du dernier de nos laboureurs ira, dans moins de temps qu'il n'en faut pour énoncer ce prodige, porter un ordre à New-York, une commande à

Yeddo, un compliment au Cap de Bonne-Espérance, une phrase d'amour aux antipodes. Un simple fil suffira pour l'échange de ces messages si divers ; et, lorsque un réseau de fils innombrables reliera les hameaux aux cités, les républiques aux empires, la civilisation étendra ses bienfaits aux peuplades les plus sauvages, le commerce et l'industrie ne connaîtront plus de frontières, les temps viendront enfin où les hommes, foulant aux pieds leurs vieilles rancunes, confondant leurs langues, leurs besoins et leurs intérêts, vivront la main dans la main, comme les membres réconciliés d'une même famille. »

A ce discours, l'homme de grand savoir et de haute raison dont je parlais au début eût répondu par un haussement d'épaules et traité d'utopiste, voire de « fou » son interlocuteur.

Imaginez que l'homme de ma fiction fût l'auteur du célèbre et fier aphorisme : « le mot impossible n'est pas français ! » Eh bien, Napoléon 1er lui-même eût dit à ce prophète : « *c'est impossible*; jamais la foudre ne suivra, sur un fil, les caprices du dernier venu de mes sujets ; jamais un capitaine ne fera sauter, par ce fil, les navires ennemis ; jamais ce fil ne transmettra simultanément à Londres, à Moscou, à Berlin et à Saint Domingue, la nouvelle d'une victoire française ou de l'avènement d'un de mes neveux ! »

Tout cela s'est réalisé pourtant. Et c'est une chose aujourd'hui banale que de lire le soir, tiré à 500,000 exemplaires, le message déclamé le matin à Washington, par le président des Etats-Unis ; d'apprendre qu'un cyclone a détruit cette nuit même deux cents maisons à Yokohama ; qu'un incendie dévore, à la minute même où j'écris, tout un faubourg de San-Francisco.

Il serait peut-être maladroit, après avoir mis dans la bouche d'un contemporain la négation du miracle dont nous sommes chaque jour les témoins, de démontrer la haute antiquité des relations télégraphiques entre les peuples ; de prétendre, par exemple, que leur premier inventeur, bien avant Galvani, Francklin, Morse et Weatstone, fut Jupiter, et que la première dépêche électrique fut envoyée aux Titans par le maître du tonnerre.

L'histoire en main, cependant, je pourrais citer ces signaux de feu dont parle Eschyle, allumés sur le mont Ida, et qui, répétés de montagne en montagne, annoncèrent à Clytemnestre la prise de Troie. J'invoquerais le témoignage de César, décrivant dans ses *Commentaires* le mode de communications télégraphiques employé par les Gaulois, et que devaient reprendre à près de deux mille ans de distance les frères Chappe, inventeurs du système aérien qui transmit à la Convention, le 15 fructidor an II, la nouvelle de la prise de Condé sur les Autrichiens.

Plus modeste et moins archaïque, je préfère assigner comme point de départ à la télégraphie l'année 1786, et reproduire l'éloge qu'un étranger, Arthur Yonng, fait de l'invention, alors toute récente, d'un de nos compatriotes, l'ingénieur Lomond :

« Ce soir, écrit Young, j'ai rendu visite à M. Lomond, jeune mécanicien très ingénieux et très fécond, qui a fait une découverte remarquable sur l'électricité. On écrit deux ou trois mots sur une machine renfermée dans une caisse cylindrique, sur laquelle est un électromètre, petite balle de moelle de sureau ; un fil de métal la relie à une caisse également munie d'un électromètre, placée dans une pièce éloignée. Sa femme, *en notant les mouvements de la balle de sureau, écrit les mots qu'ils indiquent.* D'où l'on peut conclure qu'il a formé un alphabet au moyen de mouvements. Comme la longueur du fil n'a pas d'influence sur le phénomène, on peut correspondre ainsi à quelque distance que ce soit ; par exemple, du dedans au dehors d'une ville assiégée, ou, pour un motif bien plus digne et mille fois plus innocent, l'entretien de deux amants, privés d'en avoir d'autres. »

Malheureusement, la vaillance du jeune savant resta infructueuse, car lui et ses émules n'avaient à leur service que l'électricité statique, produite par la machine à plateau de verre.

Nous voici en 1800. Volta vient de répondre à Galvani en inventant la pile; partout il n'est bruit que de la nouvelle source d'électricité découverte par le célèbre professeur de Pavie.

Carlisle et Nicholson ont décomposé l'eau. Aidé de ces travaux, Sœmmering construit en 1811 le télégraphe à circuits, machine étonnante pour l'époque, mais dont la grossiéreté nous ferait sourire.

Une pile munie de trente-cinq circuits métalliques, correspondant vingt-cinq aux lettres de l'alphabet et dix aux chiffres, telles étaient les parties essentielles du nouveau télégraphe. Les circuits étaient plongés dans un vase rempli d'eau. Aussitôt que le courant passait dans un fil, l'eau se décomposait autour de ce fil et désignait ainsi la lettre transmise.

L'idée était originale, mais elle n'offrait encore aucune chance de succès.

Vingt années s'écoulent. Arago et Ampère ont préparé, par d'admirables expériences de laboratoire, la voie rapide que va parcourir l'électricité dynamique; le télégraphe phonique de Steinheil est inventé; enfin, *Morse* paraît (1832) Weatstone et Bréguet construisent leur appareil à cadran et le chevalier Bonelli (1865), poussant jusqu'à ses dernières limites le perfectionnement des télégraphes enregistreurs, réussit à transmettre à des distances énormes une signature, un autographe, un dessin. Il semble, après cela, que la science ait dit son dernier mot; mais de patients chercheurs travaillent sans relâche, et la télégraphie, qui a déjà supprimé les mers, rapproché les continents, parcouru le globe dans une minute, va doter les peuples de nouveaux bienfaits et de conquêtes plus prodigieuses encore.

Arrivons à l'époque actuelle.

Dès ce moment l'électricité se fait un jeu des impossibilités ; elle se met à la discrétion absolue du savant et réalise, dans sa main, de véritables miracles. Après les transmissions rapides, instantanées, de tous les signes conventionnels du langage écrit, c'est la parole elle même, avec ses intonations originales, que la foudre domptée répète docilement, à des distances énormes ; c'est l'image des objets qu'elle reproduit ; c'est le son qu'elle amplifie et développe : c'est, par exemple, le tic-tac d'une montre qu'elle permet d'entendre de Paris à Londres, avec les moindres bruits des rouages qui se défilent, de même qu'elle apporte, d'un bout de la France à l'autre, l'appel d'une trompette stridente ou les accents d'un orchestre magistral.

Un homme, un Américain, a rendu vulgaires en quelque sorte ces phénomènes qui confondent notre raison. J'ai nommé Edison, cet ingénieur de trente ans qui en est déjà à sa deux centième découverte. En moins d'une année, le photophone, le microphone, le phonographe, l'aérophone, le mégaphone, et les multiples applications de l'arc voltaïque à l'éclairage des cités sortent de son laboratoire de Menlo-Park ; parmi les plus connus, de ces ingénieux appareils, l'un le téléphone Bell, transmet la voix humaine à plusieurs lieues sans aucune altération ; un autre, le phonographe, emmagasine cette voix, la fixe sur un rouleau de métal, et dans vingt ou cent années, au gré de l'opérateur, la fera jaillir inaltérée aux oreilles de nos descendants !

Toutes ces merveilles se sont produites pour ainsi dire coup sur coup ; et l'on se demande, en présence des progrès inouis de la science électro-dynamique, à quelles surprises doivent s'attendre, dans un avenir prochain, les hommes de notre jeune génération.

XXIV

LA GÉOGRAPHIE DU CŒUR

Lettre à Mme d'A...

Vous voulez bien, madame, me demander quelques notes scientifiques sur le cœur, « cet organe admirable, dites vous, ce puissant moteur du mécanisme humain, à la fois source de la vie, foyer du calorique inné, siége de l'âme et de toutes les passions d'ici-bas. »

Ah ! si je n'étais académicien, c'est-à-dire un primate au sang froid, à l'épiderme sec et quasi-mort, je m'enorgueillirais du choix d'un tel sujet. Je ne m'égarerais point dans un fatras de définitions physiologiques ; je planterais là bien vite Hippocrate, Winslow, Laennec et toute la cardiographie pour broder avec vous, sur ce thème palpitant, un *andante* sentimental. Je vous dirais, avec Fontenelle, « qu'il n'y a pas de cœur à qui la Nature n'ait destiné un autre cœur », et je prouverais que cet axiome a été fait pour nous deux. Vous prendriez mon cœur, je gagnerais le vôtre, et, vive Dieu ! la médecine s'arrangerait !

Mais je ne suis pas ici pour faire le joli cœur. A cette tribune, où vingt mille lecteurs me surveillent, je dois rester grave. Répandre sur le monde les vérités dont j'ai les mains pleines, inonder de lumière les méandres obscurs du labyrinthe scientifique, telle est ma mission. « Allez, et instruisez ! » m'a-t-on dit. La cascade m'est défendue.

Nous disions donc que le cœur est l'organe par excellence, la partie la plus noble de l'être. Le Créateur l'a placé à gauche, entre les deux poumons. Sganarelle le mettait à droite, les Gascons le sentent partout. Je connais des gens qui l'ont sur les lèvres, dans les yeux ou sur la main. Les vaillants et les forts le portent au ventre. Celui des grands hommes se met en bocal.

Quant à vous, madame, je vous crois trop savante pour le confondre avec l'estomac, comme la plupart de mes contemporains qui disent : « J'ai mal au cœur » ou « mon cœur se barbouille » lorsqu'ils attrapent la colique. Mme de Sévigné elle-même tombait dans cette erreur : « J'avais encore, écrit-elle, une fricassée et une tourte sur le cœur ». Ce n'est évidemment pas de ce noble cœur dont elle répandait les trésors autour d'elle que l'illustre marquise voulait parler.

Tous les animaux, de l'homme au plus vil des lombrics, ont reçu de la Nature un organe identique, qui bat et palpite. L'insolente puce qui vous explore de pied en cap en a un, c'est prouvé. Imaginez ce qu'il peut-être ! L'amour de votre sang, la haine de votre beauté, le dévouement à sa famille, l'affection qu'elle doit à son époux, des passions inconnues, que sais-je ? tout cela se meut dans ce cœur invisible. Et il y a des parasites sur cette puce ; et ces parasites ont un cœur !...

La première manifestation de l'organisme d'un être, dans l'œuf ou dans l'embryon, c'est le cœur. Chez le poulet, chez la tortue, chez la grenouille, il apparaît dès la vingtième heure, comme une tache rouge, au sein du liquide qui sera plus tard de la chair, des os, des plumes et des écailles. A quel moment se forme-t-il chez l'homme ? La Faculté n'en sait rien.

Ce que nous savons bien, d'après la définition de Winslow, c'est que « le cœur est composé de deux sacs musculeux, renfermés dans un troisième également musculeux » ; que sa contraction se nomme *systole*, et sa dilatation *diastole* ; que la répétition rhythmique de ces deux mouvements constitue le phénomène des pulsations ; que l'excitant de cette double fonction est le sang ; que votre cœur, le mien (s'il m'en reste) et celui du premier mammifère venu battent chacun cent fois par minute, six mille fois par heure, cent quarante-quatre mille fois par jour, soit cinquante et un millions huit cent quarante mille pulsations par année ! Je ne compte pas les bissextiles, ni les jours de fièvre, où cet infatigable tic-tac a retenti jusqu'à cent quatre-vingt fois par minute dans notre poitrine. — Belle chose, madame, que la science !

Mais ne nous hâtons pas trop d'admirer ; car là s'arrêtent nos connaissances.

Nous ne savons pas le premier mot de la structure intime du cœur ; l'enchevêtrement de ses fibres est encore le casse-tête le plus ardu de l'anatomie ; les maladies qui l'affectent nous semblent incurables.

Anévrisme, hypertrophie, palpitations, ramollissement, dégénérescence graisseuse du cœur, autant de problèmes.

Princes de la science, ô vous les premiers entre les plus doctes et les meilleurs, ignorerez-vous donc toujours les remèdes de tant de maux ? Et votre art admiré se bornera-t-il éternellement à l'aveu d'impuissance que je transcris ici, d'après l'un de nos illustres praticiens modernes : « Aucune médication autre qu'une hygiène rigoureuse ne peut être appliquée aux affections du cœur. Les saignées, la digitale, l'opium, l'eau de laurier-cerise, voilà à peu près tout ce qu'on peut faire pour prolonger de quelques années la vie misérable du sujet. »

Notez, madame, que pendant soixante siècles, ce pauvre viscère a été considéré comme inaccessible aux maladies. Hippocrate et Galien l'ont dit. Le moyen-âge l'a répété. Ce qu'est le soleil au centre de l'univers, le cœur l'était au sein de l'économie. Pas plus pour l'un que pour l'autre on

n'eût admis la possibilité d'une défaillance. Un jour, il y a
deux siècles à peine, Harvey s'écria : « Le sang circule! Le
cœur se meut ! » On le crut sur parole ; mais personne n'en
savait rien. Le mot fit fortune. — Il y avait longtemps,
d'ailleurs, que celle des médecins était faite.

Je passe sur la pléiade de célébrités qui ont décrit, après
l'immortel inventeur de la circulation, le poids, la forme,
le mécanisme du cœur. Quelques formules et beaucoup de
grec se dégagent péniblement de ce tas de paperasses savantes. « Évitez avec soin les excitations morales trop
vives, — tais-toi, mon cœur ! — éloignez tout écart de régime ; prenez des calmants ; aliments légers ; *deindè sei-
gnare* ; si le volume de votre cœur augmente, c'est une
hypertrophie ; s'il se forme une poche à l'une de ses parois
amincies, c'est un anévrysme ; *ensuita purgare*. » Voilà ce
qu'on sait. Mais de remède sauveur, point.

Je me trompe ; on est peut-être sur la voie.

M. Marey, un grand homme, a découvert le miraculeux
petit instrument que je vais vous peindre en trois mots :
une capsule, un ressort et un poinçon. Cela s'appelle *sphygmographe*. Il pose la capsule sur votre cœur, le ressort obéit
à ses moindres battements, et le poinçon écrit, en lignes
ondulées, sur un rouleau de papier, les différents actes de
l'organe. C'est, en quelque sorte, le malade dictant lui-
même son diagnostic. De là à écrire aussi son ordonnance,
il n'y a pas loin. Vous verrez qu'on y viendra.

Me suivez-vous ? Je termine.

A l'aide de son appareil, en auscultant bêtes et gens, et
en comparant les tracés obtenus, M. Marey a dressé une
manière d'atlas géographique du cœur. Tout est là : la
fièvre du cheval, les palpitations du canard, l'anévrisme du
veau marin, l'hypertrophie de la perruche. Les nôtres de
même, vous pensez bien. Tel zigzag indique telle maladie.
Toute irrégularité se traduit par un jambage spécial. Il y a
un paraphe particulier pour chaque imperfection, pour

chaque cas pathologique. — C'est moi, dit le mal, et il signe. N'est-ce pas merveilleux ?

Avec le sphygmographe, madame, nous pourrons savoir les secrets de ce cœur que je devine chez vous, et qui semble se réveiller chez moi. Nous lirons, comme dans un livre, notre commune destinée. Nous traduirons, au jour le jour, les sentiments qui auront agité notre âme ; et selon le désordre ou la régularité de ces pages écrites par notre cœur, nous connaîtrons à peu près la durée de cette misérable dépouille que nous traînons ici-bas, vous, si aimable, et moi si ennuyeux.

— Mais, pourrons-nous guérir ? A ces maux écrits, décrits et définis par eux-mêmes, appliquerons-nous enfin le dictame qui leur convient ?

— Ma foi, madame ! vous m'en demandez trop.

XXV

LE VAUBAN DES ABEILLES

Je viens de visiter les ruches de Sir B... le grand apiculteur américain. Là, parmi les abeilles de Virginie, du
Chili, de l'Hymette, acclimatées chez nous grâce aux patients
efforts de ce « gentleman farmer », j'ai passé deux heures,
les plus instructives de ma vie. Tous les styles d'architec-
ture, enfantés par le caprice d'une mouche, ont défilé sous
mes yeux ravis : le lourd gâteau massif des ouvrières an-
glaises, et les labyrinthes gracieux de l'abeille espagnole ;
les rosaces gothiques de la nivernaise et les méandres renaissance de l'italienne ; les chateaux forts de l'allemande,
les arabesques de la narbonnaise, les festons de la grecque
et de la cypriote. Chacune a son génie. L'art de ces insectes semble participer des goûts et du caractère de la nation
où ils ont établi leurs républiques. Subissent-ils notre influence ? ou bien sommes-nous comme eux, façonnés selon
le climat, la nature du sol et les plantes ? C'est un problème
sur lequel je reviendrai.

Mais il est, au milieu de cette diversité de styles, un
point de contact, un lien commun à tous les travailleurs de
miel : la forme et les dimensions de l'alvéole.

— Voyez, me disait sir B...., l'admirable intelligence de
cette abeille : elle a choisi la figure hexagonale, parce que

c'est la seule qui permette de réunir un aussi grand nombre de cellules dans un espace donné. Ni le carré, ni le cercle, ni le triangle, ne remplirait efficacement le but. Le polygone à six côtés était seul possible ; Pascal lui-même n'eût pas mieux fait.

Ce n'est pas tout : prenez deux rayons de miel, récoltés l'un sur les collines du Thibet, l'autre dans les campagnes du Gâtinais ; mesurez au compas les parois de leurs alvéoles, vous ne trouverez pas un écart d'un dixième de millimètre ! A six mille lieues de distance, les deux architectes ont exactement modelé leur cellule sur le même patron ; l'agencement des ruches pourra présenter des différences profondes, la forme et l'étendue des gâteaux offriront cent aspects divers ; mais la cellule restera invariable, identique.

Et comme je me récriais, attribuant à l'instinct plutôt qu'à une intelligence de mathématicien la merveilleuse disposition des réservoirs de cire, mon cicerone ajouta :

— Je prétends, au contraire, que l'abeille raisonne. Un événement tout récent me l'a prouvé, et je vais, monsieur l'incrédule, vous faire toucher du doigt cette vérité.

Il y a huit jours, — continua sir B..., quand nous fûmes en présence d'une ruche toute bourdonnante, — un gros papillon crépusculaire, de l'espèce des sphynx, rompit à coups de tête la frêle muraille que vous voyez là, et pénétra dans la cité. Ni les aiguillons de mes ouvrières, ni la majesté de leur reine n'arrêtèrent le larron. Il se fit un méchant plaisir de détruire les cloisons délicates, d'égorger les larves, de répandre le miel à trompe que veux-tu. Quel vandalisme épouvantable ! Attila mettant à sac Aquilée ; Mahomet II couvrant de ruines et de cadavres l'antique Byzance, ne surpassèrent pas en férocités inutiles ce sphynx aveugle, ivre de carnage et de nectar !

Lorsque je m'aperçus de l'effraction, toute la ruche était au pillage ; deux rayons éventrés, perdus ; une vingtaine de cadavres noyés dans le miel, les ouvrières ne sachant où donner la tête : l'effarement et la débandade partout ! Je fis ce que vous auriez fait : je m'emparai du sauvage, encore tout englué de miel, et je le clouai vivant contre le théâtre de ses exploits, — de même qu'on plaque une chouette sur la porte d'un pigeonnier.

Que croyez-vous que firent les abeilles?

Le lendemain, à force d'activité fiévreuse, elles avaient à demi réparé le désastre. A côté des alvéoles saccagées, elles élevaient de nouveaux ouvrages, démolissant à mesure, déménageant les larves, utilisant les matériaux épars, transvasant le miel, recueillant goutte à goutte le précieux aliment de leurs rejetons.

Je restai stupéfait devant les travailleurs.

— Allez! braves petites bêtes, disais-je tout haut comme pour les exciter à la besogne, votre ennemi ne reviendra plus; il est empalé là, il agonise sur son épingle, regardez!

Imbécile, qui ne vois pas plus loin que ton nez ! Ecoute la leçon des abeilles !

Pendant que je leur adressais ce sot discours, elles, dans leur jugeotte, se disaient : « Ce sphinx ne ruinera plus « l'espoir de nos rayons, mais un de ses pareils peut venir ! « A tout prix, nous devons empêcher une invasion nou- « velle ! »

Je vais vous faire crier au miracle. Et pourtant je n'invente rien. Un Vauban s'était révélé parmi les citoyens de ma ruche. A quelle école ce grand capitaine avait-il appris la science des fortifications? Sur quelle épure au lavis avait-il étudié les avantages de tel ou tel ouvrage défensif? Je ne sais. Mais ses soldats l'avaient compris. Sur la brèche ouverte par l'envahisseur, ils étaient en train d'appliquer des contreforts solides, à l'épreuve du bélier.

Devant la porte de la ruche, peu à peu s'élevaient des lices hautes et basses, des courtines, des épaulements. Une double, une triple ligne de murailles entourait la poterne par où le sphinx avait pénétré ; et comme si les abeilles n'avaient pas été sûres de leur résistance, les couches de cire se superposaient aux couches, avec une prodigalité telle, que trois centimètres de remparts protégèrent bientôt les abords de la ruche. Une armée de vandales pouvait venir. La République était désormais à l'abri ! »

En effet, ces travaux étaient là, sous mes yeux. Je ne me lassais pas de les admirer ; je m'approchais, j'avais le nez dessus... Les abeilles le prirent-elles pour une fleur ? Tout à coup, je me sens piqué à cet organe — Aïe ! Au diable le sphinx et les forteresses !

— Ce n'est rien, me dit sir B..., frottez vite la blessure avec ces trois herbes que je viens de cueillir au hasard sous mes pieds, instantanément vous serez guéri !

Une seconde après, je ne ressentais pas la moindre douleur.

— Les sauvages m'ont appris ce remède, ajouta l'apiculteur. Ces hommes primitifs, que nous traitons de brutes à pleine bouche, connaissent mieux que nos savants la vertu des simples ; c'est en riant qu'ils se laissent piquer par les insectes les plus venimeux ; les trois premières plantes venues, froissées sous les doigts, servent d'antidote aux venins les plus subtils. Ah ! quelles leçons pourraient nous donner ces enfants de la nature, si dans notre orgueil nous ne les méprisions à l'égal des animaux abjects ?

« A qui devons-nous l'usage du sucre, du chocolat, du manioc, du sagou, de tant de substances agréables et de tant de remèdes salutaires ? A des Indiens tout nus, à de misérables nègres. Au lieu de les opprimer comme des esclaves, ou de les détruire comme des fauves, pourquoi n'étudions-nous pas les ressources qu'ils savent tirer de la terre ?

Le Créateur n'a répandu ses biens d'un pôle à l'autre qu'afin de nous engager à nous réunir pour nous les communiquer ! »

Là dessus, mon savant ami s'embarqua dans des digressions philosophico-scientifiques sans fin, et je pris en l'écoutant force notes, que j'utiliserai quelque jour...

XXVI

LES JOUETS INSTRUCTIFS

J'AI rarement vu un homme plus scandalisé que M. Poitrinas, le docte président de notre Académie, à l'aspect de certain étalage d'une des baraques du boulevard.

M. Poitrinas, d'abord, est un homme de mœurs austères. S'il avait été membre de l'Aréopage, Phryné eût attrapé vingt ans de travaux forcés. Il passe à travers le monde sans ouvrir les yeux sur tout ce qui attire, captive et séduit; son cœur ne bat que pour la physique. Mais gardez-vous de lui parler calorique, optique ou son. — Mots vides, idiome inconnu. Il s'attache à l'électricité seule, et ne vous répondra que sur ce chapitre. Encore est-il nécessaire de ne point s'écarter, en ces matières, de certaines lois, — les siennes; de certaines expériences — celles qu'il a imaginées; de certains phénomènes — ceux dont il est le glorieux inventeur. Tout le reste n'est rien. Volta et Galvani ont existé: il l'accorde; mais à côté de Poitrinas, quels piètres sires!

Nous cheminions donc ensemble, devisant et disputant, lorsque les mots: *spectre solaire* et *Newton* prononcés par l'organe nasillard d'un camelot, frappent notre oreille.

J'entraîne mon collègue, et nous voilà plantés devant la boutique volante d'un marchand de toupies.

« Mesdames et messieurs, — déclamait cet industriel aux deux trottins de modiste, aux quatre militaires, au garçon pâtissier flanqué de sa tourte, et aux deux savants que vous savez, composant ensemble « l'honorable société », — la toupie que voici vous représente une hélice à sept branches, peintes des sept couleurs du prisme solaire, ou de l'arc-en-ciel. Vous savez tous (1) que l'illustre Newton a découvert la composition de la lumière blanche. Ma toupie est l'une des plus curieuses applications de cette belle théorie scientifique. Pour démontrer, en effet, que la lumière du soleil est formée de la réunion de sept couleurs, qui sont :

Violet, indigo, bleu, vert, jaune, orange, rouge,

Il suffit de faire tourner ma toupie entre le pouce et l'index, comme je le fais en ce moment ; l'œil recevant alors simultanément l'impression des sept couleurs, l'hélice emportée dans sa rapide rotation paraît blanche, ce qui confirme les assertions de Newton. Voyez voir, messieurs et mesdames, mettez l'article en main. Je les vends treize, dix-neuf et vingt-neuf !

— N'est-ce pas une indignité ! s'écria M. Poitrinas. Voilà maintenant Newton et ses admirables travaux dans la boutique à treize ! Fuyons, on prostitue la science !...

— Je proteste, fis-je. Quel mal voyez-vous à ce qu'un industriel, qui ne fait aucune faute dans son boniment, rende intelligible et palpable pour tous, l'analyse et la synthèse de la lumière solaire ? Voyez, on l'écoute ; on achète son appareil ; il y a, j'en suis sûr, mille personnes par heure, autour de sa baraque. Combien, auparavant, avaient entendu parler de la découverte de Newton ? Dix à peine. Avant huit jours, tout Paris sera familiarisé avec la théorie de la décomposition d'un rayon. Grâce à ce camelot, qui n'est, en somme, qu'un vulgarisateur, l'ouvrier, la femme, l'enfant, en sauront autant que vous sur cette question.

Préfériez-vous que la lumière restât enfouie sous le boisseau, c'est-à-dire dans ces bouquins arides où jamais personne, si ce n'est vous, n'ose fourrer le nez ?

M. Poitrinas leva les yeux vers le soleil absent. Sans lui donner le temps de répliquer, je continuai mon speech :

— On prostitue la science, dites-vous ! mais tant mieux ! j'en suis aise. Ne la voyez-vous pas déjà courir les rues, comme autrefois l'esprit, et prendre le passant au collet ? Vous l'aimez abrupte, sèche, anguleuse et gourmée, n'ouvrant ses arcanes qu'à un petit nombre d'initiés. Je la veux, moi, accorte, bonne fille, trottinant sur l'asphalte, du matin au soir, toujours prête, facile à tous, séduisante et jolie. Du théâtre au salon, de la chaire à l'estaminet, du magasin somptueux à cette baraque en planches, je vois la science se multiplier et se répandre, comme une manne salutaire. Je la vois adoptée par la femme, recherchée par l'homme frivole, accaparée par l'enfant, et je me réjouis. Foin des doctrinaires, des pédagogues, des cuistres, et vive la toupie aux sept couleurs !

Indigné, mon dit Poitrinas lâcha mon bras, traversa le boulevard et disparut.

Une épreuve autrement douloureuse l'attendait — hélas ! — dans le bazar universel d'un marchand de nouveautés bien connu. En quête d'un jouet pour son jeune homme, M. Poitrinas entre et se dirige vers le rayon spécial des bibelots enfantins. Je le suivais. Le brave homme, qui ne me sait pas si près, s'arrête longuement devant une série de boîtes où s'entassent piles, télégraphes électriques, téléphones, adophones, électrophones, microphones, plumes et crayons magnétiques, papier chantant, toute la collection des prestigieuses découvertes modernes. Pendant qu'il est là, des dames achètent ces joujoux aimables. Je vois des collégiens de douze ans tâter en connaisseurs les électro-aimants, je les entends parler bichromate et courants, pôles négatifs et tubes Geissler.

— Oui, madame, répond le commis galant, mettez les

deux électrodes en main, vous allez recevoir la secousse.

— Je connais ça ! fait la dame ; voyons autre chose.

— Nous avons aussi les boîtes de bobines Rhumkorff, — il a dit Rhumkorff, le jeune calicot ! — avec tous leurs accessoires, tels que l'interrupteur de courants, le commutateur, les baguettes de Wollaston, en verre d'urane, la table d'expériences et le pistolet de Volta...

— J'connais, j'connais, disait la dame.

M. Poitrinas était toujours là.

— Préférez-vous pour votre plus jeune enfant, il doit être en effet bien jeune, madame ! — continuait le commis en menant de front la guelte et le madrigal — préférez-vous ce joli microphone transmettant la parole ? Rien n'est plus aisé à manier ; rien n'offre plus de ressources comme jouet instructif et amusement de salon...

— Oh ! j'connais, j'connais, répétait la dame.

— Quelque chose de tout à fait nouveau, c'est ce petit cahier de papier chantant, signalé par M. Dumoncel à l'Académie des sciences. M. de Combettes l'a appelé *adophone*. Une simple pile, mettant en communication la plaque vibrante que voici avec une bobine, et mon adophone permet d'entendre à de très grandes distances, et considérablement amplifiés, les sons émis à l'embouchure du récepteur. Ceci est absolument neuf, madame, et voilà bien le présent le plus utile qu'il soit possible de faire à un bébé.

— Non, j'ai peur des étincelles. Je ne sais pas assez me mettre en garde contre la commotion que vous flanque la bobine, au moment où l'on s'y attend le moins.

— C'est vrai, madame, mais il est facile de l'éviter. En tenant toujours le cylindre en dehors, la pile suspend son action, les courants s'arrêtent, et l'instrument n'offre aucun danger !

— Décidément, j'aime mieux autre chose. Vous reste-t-il encore des *praxinoscopes* ?

A cette question de la jolie dame, à ce mot barbare que

ne défiguraient pas ses lèvres de pur carmin, j'entendis gémir M. Poitrinas.

— Nous avons quelques jouets appartenant à l'optique, répondit le commis d'un air dédaigneux ; mais ceci ne me regarde point ; je suis attaché au rayon des électricités statique et dynamique. Veuillez me suivre, madame, mon collègue du rayon voisin vous montrera ses appareils.

Et, pendant que la dame et son baby fendaient la foule, à la recherche d'un praxinoscope et d'un lampadorama, mon docte ami Poitrinas, aphone, exsangue, cataleptique, restait là comme un spectre devant ces enfants, ces commis et ces femmes qui jonglaient avec sa propre science, avec sa propre électricité !

Le comble, ce fut quand un garçon de magasin, en livrée bleue, cravaté de blanc, s'approcha des instruments, armé d'un large plumeau de queue de paon.

— Prenez garde, mon ami, dit le savant qui retrouvait, dans un élan de généreuse philanthropie, la parole et les sens, ne touchez pas à ces piles, vous allez recevoir de terribles décharges !

Le famulus eut un sourire confiant et protecteur.

— Allez ! ça me connaît ; je suis de la *manicle !*

Puis, voyant l'air profondément stupide de mon collègue, que ces paroles replongeaient dans un abîme de perplexités, l'homme saisit une bobine de Rhumkorff en plein fonctionnement, la mit sous le nez de Poitrinas, et d'un air bonasse :

— Puisque vous paraissez ne pas connaître cet outil, dit-il à l'éminent électricien, je vais vous en montrer le mécanisme. Le fil inducteur, sur lequel s'enroule le fil induit, a seulement un millimètre de diamètre ; l'autre, un dixième de millimètre ; cela suffit. La tension se trouve ainsi proportionnée à la résistance, et nous pouvons obtenir une étincelle de sept à huit fois le diamètre du fil inducteur. Le commutateur à palettes que voici...

— Assez ! cria M. Poitrinas, en saisissant la bobine, et si maladroitement, que la décharge passa tout entière dans son système nerveux. La main contractée sur le terrible métal, les jambes frétillantes, la tête convulsée, semblable au derviche trembleur de Djagrenauth, notre cher président était à peindre. Les curieux, convaincus qu'il s'agissait d'une expérience-réclame, faisaient cercle en se tenant les côtes. Pris de pitié, le famulus arrêta le courant.

— Tu vois ce monsieur, dit une mère à son petit, il est là pour éprouver la force magnétique des instruments. La semaine dernière, on avait un chien ; mais comme il mourait après chaque expérience, on l'a remplacé par ce pauvre diable, qui doit gagner cinquante sous à trois francs par séance. Si tu n'es pas sage, on t'y enverra!...

— Venez, mon ami, dis-je en consolant du mieux que je pus l'électricien victime de son agent favori ; sortons. Il faut vite prendre l'air. Vous ferez vos achats dans une autre maison.

— Non! ici même! Je veux montrer à ces profanes, à ces vandales, que je ne me laisse pas séduire par leurs prétendus jouets scientifiques. Je vais acheter pour mon Georges un polichinelle, un lapin blanc et une trompette. Voilà des jouets qui ne lui fausseront pas la jugeotte et...

— Qui ne lui apprendront rien, continuai-je. Au lieu de remplir sa petite cervelle de terreurs folles et d'histoires abêtissantes, ces jouets que vous dédaignez lui donneraient les premières notions des sciences que nul homme ne doit ignorer, lui révéleraient des phénomènes merveilleux, lui feraient admirer les beautés puissantes de la nature.

— Taisez-vous, interrompit Poitrinas. Rentrons.

Nous rentrâmes. En arrivant chez lui, son propre fils, son Georges lui sauta au cou.

— Malheureux ! dit le père indigné, qui t'a mis cet objet dans les mains ?

Et il arracha des doigts de l'enfant, un microphone dont sa mère, le petit cousin, les deux demoiselles du premier et jusqu'au fils de la concierge connaissaient déjà et mettaient en mouvement le mécanisme extraordinaire !...

XXVII

LE CANAL DE PANAMA

Don Manoël Pabellon, mon richissime ami de Costa-Rica, ne se contente pas de la somptueuse habitation qu'il possède, à deux milles de San-José, sur le flanc d'une colline où, chaque jour, le pic du péon révèle de nouveaux gîtes aurifères. Il vient encore de faire bâtir, avenue de Villiers, un admirable palais. Magnificence inconnue en Europe, les hautes cheminées, les cippes où s'épanouissent de larges potiches de vieux Kioto, les socles des statues, les colonnes du péristyle sont faits de ce quartz blanc laiteux où courent, semblables à des broderies fantastiques, d'innombrables veinules d'or. Une fortune est contenue dans chaque bloc de ce beau minéral dont le Muséum de Paris et la collection de l'École des mines exhibent prudemment, sous des vitrines cadenassées, quelques menus échantillons. Lui, Pabellon, en étale des quintaux métriques. C'est une véritable débauche d'or. Et rien, dans l'histoire des prodigalités de Cléopâtre, d'Aménophis IV ou de Balthazar, ne peut donner une idée de ce luxe inouï, qui ferait sécher d'envie tous les rajahs de Golconde.

— Tout cela, me disait hier don Manoël d'un air simple, tout ce que vous voyez là vient de mes terres de San-José. Pour complaire à mes deux filles, je voulus, il y a dix ans, faire élargir une grotte naturelle qui servait de repaire à quelques couples de chauves-souris vampires, si communes chez nous. Dix péons indiens attaquèrent la roche. Mais aux premiers coups, l'acier se brisa. — Voyez, maître, me dit l'un de ces pauvres diables en m'apportant les deux morceaux de la pioche. Je regardai. La pointe paraissait jaune, d'un beau jaune d'or. Plus de doute, le quartz aurifère était là...

— Mettez vingt hommes de plus, dis-je à l'haciendero. Bouleversez la grotte de fond en comble, anéantissez la colline, s'il le faut, il y a des millions dans son sein !

J'eus un instant la vision de Saladin. Et quand ce mirage de piastres, de grottes et de veines d'or fut dissipé :

— Mais comment, dis-je à don Manoël, avez-vous pu faire transporter à Paris ces énormes blocs de minerai ?

— C'est tout un roman, répondit l'Américain ; roman d'aventures douloureuses, où j'ai failli perdre la plus jeune de mes filles, avec une riche cargaison de quartz. Vous savez que San-José, capitale de Costa-Rica, est reliée par une route large et sûre au railway de Colon à Panama. Je songeai d'abord à expédier mes blocs, préalablement taillés et polis, par cette voie si commode et si courte. A Aspinwal, ils n'auraient qu'à être transbordés sur un des navires qui sillonnent l'Atlantique, et de là, gagner l'Europe. Mais je comptais sans la Compagnie de Panama. Au premier examen de mes précieux quartz, l'agent général des transports refuse net ; il allègue le poids énorme de mes colis, la fragilité de ses wagons, le peu de solidité de la voie, qui, sur certains points, traverse des marais vaseux. — « Je ne veux pas, dit ce fonctionnaire, courir le risque d'éventrer mes voitures ou de dérailler au premier mille. Remportez vos pierres, la Compagnie ne peut, sous aucun prétexte, en autoriser le transit. »

Me voyez-vous, avec mes quinze tonnes de minerai, obligé de rentrer à San-José, ou de rester là, à la belle étoile, dans un pays infesté de moustiques, de scorpions et autres immondes bêtes ?

— Que faire? reprit don Manoël. Abandonner là cette
fortune, qui serait bientôt gaspillée par le marteau de quelques aventuriers? Ou reprendre le chemin de mon hacienda
et réexpédier, en doublant le cap Horn, mes gigantesques
colis? J'adoptai ce dernier parti, et huit jours après, ma
femme, mes deux filles, mon intendant et moi nous nous
embarquions à Panama, sur un magnifique vapeur de la Compagnie Ramon y Hermanos, avec une perspective de trois
mois de mer!

Ce que fut cette traversée mortelle, vous le devinez. Concepcion en faillit rendre l'âme ; pendant deux mois, nous
restâmes au chevet de la couchette où elle se tordait, en
proie aux tortures du mal affreux que donne la mer.

Du cap Horn au Havre, la mer fut clémente. Concepcion
se rétablit ; nos inquiétudes disparurent peu à peu, et cent
jours après notre départ de Panama, je pus enfin contempler, réunis sur la terre de France, mes trésors vivants et
tous les blocs que vous voyez-là...

—Si vous aviez attendu, interrompis-je, cette dangereuse
folie, — pardonnez-moi le mot, — n'eût été qu'un jeu ; car
avec le canal intérocéanique !...

Les yeux de l'Américain s'illuminèrent. Et, sans me
donner le temps de placer un mot, tout d'une haleine, il
prononça les paroles suivantes, avec une véhémente éloquence et un enthousiasme que je n'oublierai jamais :

— Ah ! vous avez bien raison ! Un homme, M. de Lesseps,
qui bouleverse les notions géographiques adoptées par la
science, qui fait de l'Afrique une île, qui coupe en deux autres
îles le continent découvert par Colomb, que n'épouvantent ni
les déserts de sable, ni les cimes neigeuses des Andes ; un
homme plus puissant que les rois d'Egypte, plus grand que les
conquérants et plus modeste que le plus humble de nos bour-
geois, a décidé dans son vaste génie, qu'une voie rapide
devait s'ouvrir à travers l'isthme américain. Aux premiers
mots sortis de sa bouche, les nations sont accourues, et
dans moins de temps qu'il n'en faut pour voter, chez vous,

le chapitre d'un budget, un Congrès, à jamais mémorable, a prononcé ce mot qui doit unir les peuples latins, et leur permettre d'échanger les richesses de leur industrie. Quels inappréciables bienfaits ! Et de quel titre décorer cet homme, deux fois providentiel, qui, tendant la main par delà les Océans au commerce des peuples, les convoque à cette pacifique bataille dont les richesses et la prospérité sont le prix !

Passant brusquement du lyrisme espagnol au côté pratique, qui fait, avant tout, le fond du caractère américain, mon interlocuteur continua :

« Le commerce français souffre, dites-vous (je ne l'avais pas dit), le chiffre de ses exportations diminue, et l'étranger, l'Amérique notamment, tire de son propre sein les ressources que ce pays empruntait autrefois à votre industrie. Grâce au Canal interocéanique, de rapides et fructueux échanges pourront se produire. Loin de payer des frais de transport écrasants, le producteur inondera les marchés du Nouveau-Monde de ces merveilleux objets dans la fabrication desquels vous n'avez que des imitateurs, mais point de rivaux. Jadis, le tarif du fret égalait, quand il ne le surpassait pas, la valeur de la marchandise. Le percement de l'isthme fera bénéficier l'industriel d'une économie moyenne de quatre-vingt francs par tonne, d'après les calculs de l'amiral Davis, des États-Unis du Nord. Voulez-vous des preuves ? Écoutez ceci :

Il y a deux ans, je fus chargé par l'éditeur du *Diaro libéral*, de San-Juan (Bogota), d'acheter à Paris une petite presse Marinoni : cette machine coûta 2,000 fr. Or, savez-vous à quel prix elle est revenue à l'imprimeur de San-Juan ? À 45,000 francs ! Il avait fallu transporter, à dos de mulet, ces lourdes pièces de fonte, et après un voyage de trois mois et demi, traversée comprise, la presse, enfin montée à la place qu'elle devait occuper, ne fonctionnait pas !

Les pianos français, dont toutes les maisons américaines

du Sud renferment deux ou trois magnifiques spécimens, savez-vous ce qu'ils nous coûtent ? Vingt-cinq mille francs! Morceau par morceau, ces instruments traversent la pampa dans des équipages extraordinaires, et c'est miracle, si rendus au but de leur pénible voyage, on peut mettre toutes les touches d'accord !

Vous parlerai-je des modes, des soieries, des toilettes de ma femme et de mes filles, de ces mille bibelots parisiens qu'elles adorent, qui régulièrement arrivent chez nous six mois après que la commande en a été faite, c'est-à-dire démodés, flétris et dégradés par une traversée de cent vingt jours sur mer et de cent vingt jours sur terre ! Lenteurs fatigantes, risques certains, dépréciation inévitable, voilà ce qui rend les échanges difficiles et ruineux, voilà ce qui arrête l'essor du commerce et paralyse la production.

Avec le canal, le maximum des trajets sera de vingt-cinq jours. Réduits à des prix abordables, les transports se feront vite et bien. Voyageurs et marchandises afflueront aux ports du Pacifique et de l'Atlantique, dont j'entrevois la richesse croissante. Un irrésistible torrent de circulation emportera vers ces rives heureuses les trésors du vieux monde, et le nouveau vous inondera des siens. Que de fortunes au bout de tout cela !

Combien de millions, amassés en peu d'années, par les hommes de travail, d'initiative et de courage ! Je vois déjà les villes du Sud-Amérique décupler, centupler leur population. Je vois les villages grandir, les hameaux se convertir en palais, la marine à voiles agonisante renaître et sillonner les mers, enrichissant les trafiquants côtiers du monde...

Don Manoël parlait encore, lorsque minuit sonna. Je m'excusai auprès des charmantes jeunes filles Rita et Concepcion, je pris congé de leur mère, et je rentrai chez moi la tête hantée de visions milliardaires !

XXVIII

LE POISSON PÊCHEUR

Personne ne songe à s'étonner qu'un homme honnête, sérieux et rangé, simple de cœur et modeste en ses us, passe six heures les pieds dans l'eau, le crâne au soleil à épier les moindres oscillations d'un flotteur de liége, et rentre au logis, la nuit venue, avec trois goujons, un coryza et deux microscopiques cabots.

Cet homme honnête qui a tout quitté, famille, devoirs, affaires, pour capturer une friture impossible, dont il fait fi d'ailleurs, vous l'admettez, vous l'approuvez, vous l'imitez peut-être. Et vous allez, je le gage, crier à l'absurde au récit que voilà d'un poisson — oui monsieur, d'un poisson — qui pour calmer sa faim pêche à la ligne tout le long du jour.

Représentez-vous un rouget de la taille d'un esturgeon. Imaginez ce rouget pourvu d'une tête monstrueuse, où s'ouvre une gueule immense, dix fois grande comme le corps. Supposez ce rouget tellement alourdi par cette tête qu'il est incapable de nager, à l'instar de ses pareils, et que son existence tout entière se passe sur le fond sableux de la mer ou parmi la vase des rivages. Donnez à ce rouget un appétit proportionné à la profondeur de sa gueule, et dites-moi comment fera cette bête pour apaiser sa fringale dévorante.

Vous voilà bien embarrassé? La Nature n'est jamais en peine. Elle se joue des impossibilités, elle jongle avec l'absurde, sa toute-puissance éclate dans le triomphe des obstacles les plus invincibles à nos yeux humains. Et l'on se demande si elle n'a pas façonné la *Baudroie* — ce rouget colossal dont je vous parlais tantôt — pour nous convaincre de son merveilleux génie.

De tous les monstres qui vivent au sein des eaux, la Baudroie est certainement le plus hideux et le moins agile. Le pinceau de Téniers, créant le sabbat des sorcières, n'a mis dans le cortège de ces effrayantes vieilles aucune bête de cet acabit. La pieuvre est adorable auprès d'elle.

Un grand trou noir, pavé de dents aigues, toujours béant dans les profondeurs, avec une paire d'yeux farouches, un bout de corps difforme après ce trou, voilà la baudroie. — C'est un cauchemar de l'Apocalypse. Les poissons, épouvantés, s'éloigneront de ce précipice vivant ; nulle créature n'osera s'aventurer dans son voisinage, et la Baudroie, incapable de gagner le pain quotidien, crèvera de faim dans sa bauge.

Mais la Nature ne l'a pas voulu. Déployant la grâce à côté de l'horrible, elle a paré le front du monstre de deux ou trois filaments nacrés, longs, souples et solides, qui flottent comme un gracieux panache au dessus de son vaste palais. Au bout de chacun de ces fils danse un carré de chair appétissante et rose, — appât toujours prêt que la Baudroie présente à ses victimes vagabondes ! Tapie sous les roches, au coin le plus sombre des abîmes, le corps à demi caché par la vase, elle attend, immobile, béante, — ses pupilles dilatées surveillant les amorces — que le poisson ait mordu. Passe un présomptueux merlan, un maquereau tout jeune, une amoureuse ablette. Crac ! ça mord ! Aussitôt, la Baudroie retourne ses lignes de chair, rentre l'appât dans ses mâchoires avides, et déjeune. Ce premier service englouti, la pêche recommence, une nouvelle piquée a lieu, et ainsi de suite !

Mais l'appât s'use ? direz-vous. — Jamais ! Plus heureuse que les patients amateurs de friture, qu'on voit rentrer bredouille au logis faute d'une provision suffisante de gruyère et d'asticots, la Baudroie pêche jusqu'à la fin de ses jours avec ses trois amorces. Les victimes n'ont pas le temps de se reconnaître. Inutile de s'escrimer d'ailleurs. La proie est coriace, immangeable. Tels sont ces poissons de fer blanc que de facétieux pêcheurs attachent à leurs lignes de fond, et qui durent toute la vie.

Maintenant, lecteur incrédule, voulez-vous savoir pourquoi la Baudroie, ce prodige de laideur et d'admirable ingéniosité, que le grand Linné connaissait et que la Méditerranée reproduit par centaines sur nos côtes, était à peu près ignorée de vous il y a dix minutes ?

C'est parce que messieurs les savants hérissent leurs descriptions de noms grecs et de fastidieux latinismes — *bassa latinitas*. Ouvrez le premier auteur d'ichtyologie venu : Belon, Salviani, Artedi ou Rondelet ; cherchez « Baudroie » ; vous trouverez à cet article cent lignes du plus rebutant pathos sur le nombre de dents, de branchies, d'arêtes, de vertèbres et de cartilages de cet étrange animal qui appartient — tenez-vous ferme ! — à la famille des a-can-thop-té-ry-giens ! Et lorsque, lassé par cette enfilade de termes creux, vous aurez jeté loin de vous le bouquin maudit, vous ne saurez pas le premier mot des mœurs extraordinaires de la Baudroie, dont ces graves docteurs ont jugé bon d'écourter l'histoire, en dix lignes honteuses, à la fin de leurs savantasseries.

Valait-il pas mieux commencer par-là, et rendre d'abord facile, attrayante, aimable — ce que j'essaie — l'histoire si magnifique des vérités de la Nature, qu'une légion de froids anatomistes emprisonne depuis deux siècles sous le boisseau ?

XXIX

LES PRÉJUGÉS POPULAIRES

Avez-vous des préjugés ?

Croyez-vous à l'influence néfaste du vendredi, du nombre 13, du pain retourné, de l'huile répandue ?

Croyez-vous aux prophètes, aux devineux, aux somnambules intra et extra-lucides, aux tireuses de cartes, aux présages du marc de café, à la puissance du mauvais œil, au chagrin de l'araignée du matin, et à l'espoir de l'araignée du soir ?

Redoutez-vous la rencontre de trois corbeaux, le venin du crapaud, le pouvoir fascinateur de la couleuvre, la piqûre du perce-oreilles ?

Aimez-vous les remèdes de bonnes femmes, l'oracle des fleurs, les tables tournantes, les anges gardiens, Saint-Antoine de Padoue ?

Etes-vous sûr que le treizième à table mourra dans l'année, que la salière renversée porte malheur, que les morts reviennent, que la lune fend les pierres, que l'eau de Lourdes fait des miracles, que les petits cochons chassent la guigne, que rêver de... Cambronne annonce de l'argent ?

Si oui, je laisse à d'autres, plus courageux ou plus persuasifs, la tâche ingrate de vous guérir. Et comme je veux simplement vous délasser, laissez-moi vous conter l'histoire du docteur Papillon, mon vieux camarade, l'implacable ennemi des sots préjugés, mais le plus érudit, le plus modeste et le meilleur des hommes.

Epaminondas Papillon, ancien élève de la Faculté de Montpellier, a été jeune et fou, comme tout étudiant qui respecte les traditions ; il a été le héros de mainte aventure, s'est trois fois battu en duel, a voyagé dans les deux mondes, a mangé de la vache enragée, a mené une vie du diable. Aujourd'hui, il a cinquante-six ans, des lunettes, pas le moindre cheveu, mais il est, s'il vous plaît, médecin, maire et conseiller d'arrondissement là bas, tout là bas, à l'extrême frontière d'Alsace, à Saverne, la patrie de M. About.

Toujours gai, d'ailleurs, avec une pointe d'ironie et de scepticisme, adoré de tous ceux qui connaissent son infatigable bonté, son savoir profond et la droiture de son jugement.

En deux mots, un bon vivant et un brave cœur, tel est Môssieur Papillon, que j'ai l'honneur de vous présenter.

L'été dernier, cédant aux sollicitations de cet ami d'enfance, je quittai la grande ville pour explorer en sa compagnie les forêts qui entourent Saverne, et où l'on rencontre, presque à chaque pas, de magnifiques spécimens de ces silex taillés ou polis qui furent les premières armes de nos ancêtres, à l'époque du renne, du mammouth et de l'ours géant.

Nous parcourions un matin la forêt, la tête basse, l'œil fouillant, ainsi qu'il convient à deux chercheurs de trésors, lorsque le notaire de Saverne, — un esprit fort, qui ne croit ni à Dieu ni à diable — déboucha d'un fourré et nous salua joyeusement.

— Parbleu ! c'est ce bon docteur Papillon et son ami de Paris ! Avez-vous fait bonne chasse, messieurs les savants ?

— Douze hachettes, sept grattoirs, trois pointes de flèches, quatre *nuclei* et deux couteaux, répondit le docteur, en faisant sonner dans sa sacoche de cuir nos précieuses trouvailles du matin. Et vous, maître Boudet?...

— Peuh, fit le notaire, bredouille, ou à peu près. J'ai manqué deux marcassins, et mon chien qui a débusqué un solitaire magnifique, s'est acharné à le poursuivre, si bien que me voilà tout seul au milieu du bois, sans équipage, sans gibier, mais non sans appétit, car c'est l'heure de la soupe, et je viens d'entendre midi à toutes les horloges du village.

A ce moment, un grand fracas de broussailles retentit au bout de la clairière, et Fox, le chien égaré, bondit haletant au milieu de nous, fit le beau pour n'être pas grondé, puis déposa proprement aux pieds de son maître une superbe couleuvre, qu'un coup de ses crocs avait quasi coupée en deux.

Le notaire recula, tout pâle.

— Un serpent ! balbutia-t-il en claquant des dents.

— Oui, maître Boudet, une couleuvre à collier, *coluber natrix*, dit le docteur en ramassant le reptile, qu'il se mit à examiner sous ses lunettes d'un air fin, et une magnifique femelle, dont votre chien n'a pas eu peur, tandis que vous...

— Pouah ! fit le notaire, la gluante, l'inutile et dangereuse bête !

M. Papillon se mit à rire.

— Trois hérésies en trois mots, reprit-il ; trois absurdes préjugés à l'endroit d'un être délicat, propre, élégant, inoffensif et doux, qui rend plus de services à l'agriculture que certains réformateurs de ma connaissance...

— Que voulez-vous dire par là ?

— Je veux dire qu'il est déplorable de voir un homme de bon sens, repousser comme hideuse et comme malfaisante une créature dont la robe est un chef-d'œuvre de coloris, et qui fait une guerre incessante aux limaces, aux vers et aux mille insectes rongeurs de nos récoltes ! Savez-vous combien une couleuvre dévore, par an de ces destructeurs rampants ou ailés ? Deux cent mille ! avec vos échenilloirs, vos pioches, pinces et autres engins, maître Boudet, en feriez-vous autant ?

Le notaire ne répondit pas.

— Il fait faim ; en route, criai-je, sous forme de diversion. Et d'un pas leste, précédés du brave Fox qui quêtait de ci de là, nous reprîmes le chemin de la ville.

Tout à coup, Fox tombe en arrêt ; puis du museau et des pattes, se met à gratter la terre, en poussant de petits cris effrayés.

— Ah! je sais, dit le notaire qui s'y connaît en art cynégétique, c'est une taupe ou un mulot.

Mais M. Papillon a suivi le chien, il se baisse, et indiquant du doigt un paquet de cordelettes verdâtres qui grouille au fond du trou : — Non, c'est un nid de couleuvres ; toute la famille sans doute de celle qui vous a si fort effrayé tantôt, maître Boudot.

Alors, une à une, soigneusement, il recueille les gentilles orphelines, les empoche au grand scandale du vertueux notaire, et repart en tête de notre petite colonne, comme si le gaillard n'avait pas ses dix-huit kilomètres dans les jambes depuis le matin.

Aux premières maisons du faubourg, on fait halte. Le cabaret du père Soultz, à l'enseigne du *Pommier d'or*, tient pour nous toutes prêtes des saucisses fumées, une odorante choucroute et des crêpes blondes comme le blé mûr. On dîne, avec cet appétit sauvage que donne la chasse. Les choppes se succèdent, et pendant que de gais propos s'échangent d'une table à l'autre, entre notre groupe, le père Soultz, les deux adjoints, le lieutenant de pompiers et quelques autres gros bonnets, Jacquot, le fils du cabaretier, a déniché sous un paquet de linges la couleuvre morte, et la montre aux assistants, qui reculent épouvantés.

— Vous voilà bien, avec vos folles terreurs, mes pauvres amis, s'écrie M. Papillon en haussant les épaules. N'avez-vous pas honte, vous les braves, qui avez tenu tête aux prussiens, de trembler ainsi à l'aspect d'un serpent inoffensif, votre plus précieux auxiliaire, la sauvegarde de vos champs, le plus modeste de vos amis !

Et tirant de sa poche le paquet de couleuvres frétillantes :

Le docteur Papillon tira de sa poche un paquet de couleuvres frétillantes.

— Puisque l'occasion se présente, dit le bon docteur, je veux protester une fois de plus contre ces préjugés ridicules, dont l'ignorance est la source unique, et qui enseignés dès l'enfance par des maîtres inhabiles, s'incrustent dans vos cervelles au point que l'expérience de toute une vie n'est pas capable de les en chasser.

Préjugés, certaines façons d'envisager le ciel et l'enfer; préjugés, les quatre cinquièmes des notions aujourd'hui inculquées dans les écoles sur l'histoire, les origines du monde, sur les sciences morales ou naturelles, sur la philosophie elle-même. Préjugés, ces grossières superstitions qui vous font admettre les farfadets, les loups garous, les revenants, les devins, les jeteurs de sort et les enchanteurs ; Préjugés, le pouvoir fascinateur et malfaisant de ces serpents, que vous pouvez manier comme moi ; préjugés, l'incombustibilité de la salamandre, le venin des crapauds, la vertu de certains breuvages préparés par des charlatans, avec toute espèce d'incantations et de sottes simagrées ; préjugés, la croyance aux esprits bons ou mauvais, aux rêves, aux sortilèges, aux cartes, aux spirites, aux rebouteurs, aux dieux et aux déesses, aux gnomes, aux prophètes, aux farceurs qui prétendent avoir la prescience de l'avenir, à toute cette gigantesque exploitation de la bêtise et de la crédulité humaine, par une légion de finauds qui s'enrichissent à vos dépens ! Vous vous moquez des Grecs, qui consultaient les entrailles des coqs, des Egyptiens, qui adoraient des fétiches grotesques, et des sauvages qui sacrifient leurs semblables aux mânes d'un crocodile ou d'un perroquet ! Mais les braves gens qui, dans les foires, assiégent la voiture d'une somnambule, sont-ils bien éloignés de ces peuples primitifs ou sauvages dont la crédulité, la soif du merveilleux, vous font rire et hausser l'épaule!

Allez, mes amis, le temps n'est pas loin où la campagne entreprise par quelques vulgarisateurs, amants de la vérité, se terminera brillamment à l'avantage de celle-ci. La liberté de parler, d'écrire et d'enseigner a déjà fait des prodiges;

j'attends avec confiance le triomphe de la logique, du bon sens et de la raison...

Ainsi parla mon docte ami Epaminondas Papillon, dans le cabaret du père Soultz, à l'enseigne du *Pommier d'or*.

XXX

LES INONDATIONS

J'ai lu dans Buffon que le castor — cet ingénieur à quatre pattes — détourne, quand il veut, le cours des rivières américaines, jette sur leurs eaux rapides des ponts bien bâtis, des chaussées savantes, et réussit, par un système de barrage aussi simple qu'habile, à protéger sa famille contre les inondations. — Le castor n'est qu'une bête.

J'ai lu dans Cortambert que les Papous se font un jeu de maintenir et d'endiguer les torrents gonflés par les pluies de l'hiver. Lorsque ces arroyos débordent, le sauvage dort tranquille sous sa hutte riveraine. Il sait que ni sa femme, ni ses petits n'ont rien à craindre des eaux furieuses. Le torrent peut faire rage, remplir d'écume et de bruit les vallons : l'homme ne perdra pas une igname, pas une sagaie. — Le papou n'est qu'une brute.

J'ai lu enfin qu'un de mes confrères d'Agen, au moment où il écrivait dans les bureaux du journal, son article sur les inondations locales, avait dû céder la place au fleuve débordé et gagner rapidement les hauteurs.

Or, il y a cinq ans, ce même fleuve envahissait déjà les mêmes bureaux et en chassait le journaliste. J'ai vu cela. Je l'ai raconté dans le *Figaro*. J'ai décrit les horreurs de ce fléau, les récoltes perdues, les usines rasées, les habitations emportées comme un fétu, les vieillards et les femmes réfugiés sur les faîte des toits branlants, ceux-ci disputant aux vagues avides des grappes d'enfants affolés, celles-là s'accrochant des ongles aux moindres arêtes, l'une tenant aux dents son dernier né, l'autre élevant au dessus de sa tête un berceau, et mourant asphyxiée tandis que ses bras raidis par le suprême effort maintenaient la chère créature, qu'une barque de sauveteurs recueillait vivante et doucement endormie!

Ces désastres épouvantables, on n'a rien fait pour en prévenir le retour; tout récemment encore, un fleuve roulait ses ondes limoneuses sur les campagnes désolées. Et ce drame se passait non point certes dans le pays des castors, ni des Papous, mais en France, chez le peuple le plus civilisé, le plus industrieux et le plus savant des peuples de la terre. A quoi donc sert votre belle science, académiciens, si tous ces travaux, tous ces volumes vous laissent impuissants en face des périls que court notre misérable vie!

Ingénieurs, vous construisez des navires colosses, des canons-monstres. Et à la première traversée, à la première décharge, le bronze éclate, le vaisseau coule.

Chimistes, vous imaginez une poudre subtile qui fait sauter les maisons, tue des compagnies entières de soldats, remplace la lutte ardente par le carnage aveugle et inconscient. — Partout des morts! Mais je cherche en vain les progrès accomplis dans l'art de conserver les hommes. Qu'une colique les surprenne, qu'une fièvre les saisisse, qu'un élément brutal menace leurs biens et leurs poitrines, aussitôt je vois les savants se croiser les bras. « — Il n'y a rien à faire. Nous n'y pouvons rien. »

Je n'étonnerai personne en affirmant qu'il existe, dans les bibliothèques, plus de deux cents volumes sur les inondations et leurs causes. Tout cela est fort bien écrit, très judicieux, très compétent. On y apprend l'histoire des débordements célèbres, depuis le déluge biblique jusqu'à l'inondation de la Seine. Des hommes hautement autorisés ont entassé des Pélions de recherches sur des Ossas de commentaires. Qu'est-il sorti de ces flots d'encre? — Rien.

Eh! que nous importe de savoir que la Loire atteignit en 1651, 10 mètres et plus, que la Garonne, en 1840, monta jusqu'à 18 mètres 5 centimètres, que la Seine, l'an 1658, s'éleva de 8 mètres au dessus de son niveau normal! C'est un remède que nous cherchons.

Mais il y en a trente pour un! me répondent les auteurs déjà cités. Celui-ci préconise les digues longitudinales, celui-là les barrages en fascines, cet autre le reboisement des montagnes. — Soit! Mais, encore une fois, qu'a-t-on fait?

Suivant les conseils de l'un, on a construit sur la Loire des digues colossales, d'une solidité à toute épreuve. L'inondation de 1856 est venue, qui a rompu les murailles, emporté les moëllons; et ses désastres ont été d'autant plus grands que le fleuve avait été plus longtemps contenu.

D'après les avis de l'autre, on a fait quelques essais de plantations sur les pentes jadis boisées, à la source des torrents fougueux; on a semé quelques pins par ci, enfoncé quelques pieux par là, et l'on a attendu. Ces timides expériences, ces demi-mesures n'ont donné que des demi-résultats. Après quoi l'on a recommencé à paperasser.

Les catastrophes sont revenues, plus fréquentes et plus lamentables. Alors, le gouvernement s'est ému. Il a fait étudier, par des commissions et des sous-commissions, des enquêtes et des contre-enquêtes, les moyens de prévenir ces éventualités terribles. Les lois du 18 juillet 1860, sur le reboisement et du 8 juillet 1864 sur le regazonnement, sont sorties de là. Mais en même temps qu'il ordonnait de repeupler côteaux et vallons, l'Etat tutélaire autorisait la vente de ses bois. Je trouve que dans une période de cinquante années, il a aliéné avec faculté de les défricher *quatre cent quarante-deux mille hectares* de forêts domaniales et *douze mille hectares* de biens communaux.

Et la loi de reboisement? me direz-vous. Oh! on la faisait scrupuleusement appliquer. Pendant que la cognée ravageait ainsi les vieilles forêts de la Gaule, l'État reboisait 6,000 hectares, les communes et les particuliers en reboisaient 34,000. Depuis, l'enthousiasme est tombé, la besogne lente et souvent ingrate du repeuplement a lassé nos entrepreneurs, les soucis de la politique ont détourné les esprits de cette œuvre de préservation humaine, et la loi de 1860 dort tranquille, oubliée, fossile, dans des cartons poudreux.

Il faudrait aviser, pourtant. Ce n'est plus, comme autrefois, tous les vingt ou trente ans que l'inondation, l'un des plus redoutables fléaux qui puissent attaquer les biens de l'homme, envahit nos champs, noie les faubourgs de nos villes, pourrit nos récoltes et détruit, en quelques heures, les ressources de plusieurs milliers de citoyens. C'est périodiquement, chaque année, tantôt sur un point, tantôt sur l'autre, que les fleuves débordent.

Les propriétés, les cultures, les usines, les ateliers sont en péril. Les transactions commerciales deviennent impossibles. Aux souffrances d'un hiver rigoureux, s'ajoutent celles de la disette, de la famine, du chômage, triste cortège des inondations. Le cœur se serre au récit de tant d'infortunes, de tant d'irréparables malheurs ? — Que faire?

Avec MM. Agénor de Gasparin, Becquerel et autres, je crois que le seul moyen de contenir dans leur lit les torrents et les fleuves, est le reboisement des montagnes et le repeuplement des bois défrichés pour la culture. En dehors des expériences citées plus haut, il existe de nombreux exemples de l'effet utile des reboisements. Dans le département du Tarn, la petite rivière de Caunan n'avait qu'un cours intermittent. Depuis la reconstitution de la forêt ruinée de Montout, son cours est devenu régulier.

Le village de Barèges était dévasté tous les ans par des tempêtes de neige. Depuis qu'une commission, a décidé le reboisement des pentes, la ville est préservée et nul désastre n'est venu troubler la quiétude de ses habitants.

En Suisse, le village d'Andermatt ne doit son existence qu'à la forêt de sapins qui recouvre les pentes chaque hiver parcourues par des avalanches. Ce fait est tellement avéré, qu'il est défendu de couper aucun arbre sous les peines les plus sévères.

Les exemples abondent, je le répète, et les bienfaits du reboisement sont évidents. Il me reste à les expliquer.

Un sol boisé se comporte comme une éponge qui ne laisse écouler l'eau que lorsqu'elle en est saturée ; il n'est pas favorable, par suite, comme les pentes nues, à la descente des eaux pluviales ou torrentueuses. On pourrait comparer deux pentes, l'une couverte de forêts, l'autre défrichée depuis longtemps et dénudée par l'action antérieure des pluies, à deux toits, l'un en ardoise, l'autre en chaume. Sur le premier l'eau, dès le commencement de l'averse, se précipite en nappes dans les gouttières et s'échappe tumultueusement par les bouches des conduits. Le second s'imbibe lentement et d'abord ne laisse rien s'écouler ; mais en revanche, longtemps après que le ciel est redevenu serein, l'eau tombe encore goutte à goutte.

D'autres causes agissent dans le même sens ; ainsi la pluie versée par les nuages ne parvient pas tout entière jusqu'au sol : une partie reste adhérente aux feuilles et aux rameaux, et remonte vers le ciel par évaporation. La fonte des neiges et des glaces est aussi moins subite dans les montagnes revêtues de forêts, le terrain qu'elles recouvrent s'échauffant moins vite que les surfaces déboisées.

C'est donc à la source du mal, c'est-à-dire à la naissance des ruisseaux, des rivières et des petits cours d'eau qui, tranquilles aujourd'hui, peuvent demain devenir un danger pour les campagnes, qu'il faut répandre et multiplier les essences forestières. Les lois de 1860 et 1864 sont excellentes. Il y a urgence à les appliquer sur une grande échelle. Qu'on se hâte. L'inondation n'attend pas. Dans deux ans, quatre au plus, les peuplements, encore très jeunes, entremêlés de bruyères et de piquets, seront déjà de sérieux obstacles à l'impétuosité des eaux sur les flancs de nos coteaux et de nos monts. Tout le problème à résoudre est là : diminuer l'écoulement superficiel en favorisant l'infiltration dans le sol, et retarder la vitesse du cours des rivières.

Ce n'est pas tout. La destruction des miasmes, l'assainissement des plaines, est le second bienfait que nous promettent les forêts. « Une plantation, dit M. Becquerel, interposée sur le passage d'un courant d'air humide, chargé de miasmes pestilenciels, préserve de ses effets tout ce qui est derrière elle, tandis que la partie découverte est exposée aux maladies, comme les marécages de la Sologne et les campagnes de Rome. Les arbres tamisent donc l'air infecté. »

Je n'ajouterai rien aux paroles de l'éminent Académicien. Szegedin, Murcie, les catastrophes du midi de la France, sont encore présentes à tous les esprits. Demain peut-être l'inondation sera à nos portes. Je termine en exprimant le vœu que des mesures énergiques soient prises, sans délai, pour prévenir le retour de ces fléaux qui semblent redoubler leurs coups à mesure que l'homme se civilise, que la science progresse, et que les éléments se soumettent, esclaves plus dociles, aux caprices du roi de la Création.

Ils disputaient aux vagues avides des grappes d'enfants affolés.

XXXI

A TRAVERS L'INFINI

—

Ésignez-moi, dans le ciel splendide de cette nuit pure et calme, un point quelconque où votre œil ne découvre pas la moindre étoile ; où le noir velouté de l'espace ne soit piqué d'aucun scintillement ; où pas une lueur, pas un atome de cette poussière diamantée que la main du Semeur de mondes semble avoir jetée sur la voûte du firmament, ne révèle la présence d'un rudiment d'astre, d'un embryon de soleil.

Fixons bien ensemble ce coin de l'immensité, dont le contour d'une de vos mains circonscrit les limites ; isolons en idée ce carrefour sombre et, d'après le témoignage de notre vue, supposons-le vraiment vide et désert, tandis qu'autour de lui brillent les constellations, les planètes, les étoiles fixes, les nébuleuses, la voie lactée, tout le radieux ensemble de l'univers sidéral.

Braquons maintenant sur ce point une lunette astronomique de moyenne puissance. Soudain, le champ du télescope se peuple d'étincelles ; dans ce lambeau de ciel, où nos yeux ne distinguaient rien tout à l'heure, s'allument des centaines d'étoiles : les unes pâles, incolores ; les autres animées de feux rouges, verts, azurés, bouton d'or ; c'est un éblouissement, une magie. Malgré vous, vous détachez votre regard de l'objectif qui a fait ce miracle, et de l'œil un cette fois, vous essayez de percer les profondes ténèbres de ce coin du ciel. Rien, il n'y a rien. Vous concentrez dans un rayon visuel toute la puissance de pénétration dont il est capable ; sous l'effort de la volonté, votre rétine sent en quelque sorte décupler son pouvoir ; mais c'est en vain. Le voile ne se déchire pas. Et lorsque, doutant encore de la réalité entrevue, vous revenez au télescope, un nouveau champ céleste s'est ouvert devant vos yeux stupéfaits, et là encore apparaissent des légions d'étoiles, des pléiades de soleils ; et ce merveilleux panorama se déroule sans trève, lent, majestueux, incommensurable, infini !

On a cependant essayé le dénombrement de ces étincelles qui sont des mondes, dont la lumière met des siècles à parvenir jusqu'à nous, et dont chacune sans doute est, comme notre soleil, le centre d'un système. Des statistiques célestes ont été dressées, et tout imparfaits que soient nos instruments actuels, on arrive déjà à compter plus de CENT MILLIONS d'étoiles.

Au hasard, prenons dans ces myriades d'univers, invisibles sans le secours du télescope, deux astres qui paraissent jumeaux, tant la distance qui les sépare est inappréciable pour nos sens. L'épaisseur d'un cheveu trouverait à peine sa place, semble-t-il, entre ces deux hôtes lointains de l'immensité. Eh bien, des milliards et encore des milliards de lieues s'étendent de l'un à l'autre. Au sein de l'abîme qu'en apparence un centième de millimètre suffirait à jauger, flottent, roulent, resplendissent des mondes que nulle lunette ne nous montrera jamais, et qui peut-être resteront éternellement inconnus l'un pour l'autre !

Mais au delà, qu'y a-t-il ? Ces innombrables créations marquent-elles les confins de l'espace ? Existe-t-il une limite où s'arrêtent ces sublimes prodigalités ? L'esprit humain ne peut-il concevoir, dans ses prodigieux élans, une région où tout finit, où la main de Jéhovah, lasse de produire, s'est reposée enfin ; où le néant reste maître absolu ?

Un éminent vulgarisateur va résoudre ces problèmes.

Dans son admirable livre, l'*Astronomie populaire*, Camille Flammarion imagine un voyageur éternel, qui parti de la Terre s'élève toujours en ligne droite, avec la vitesse effrayante de la lumière, c'est-à-dire 75,000 lieues par seconde, et parcourt toutes les étapes de l'inconnu.

Suivons-le :

« Nous sommes sur la terre, globe flottant, roulant, tourbillonnant, jouet de plus de dix mouvements incessants et variés ; mais nous sommes si petits sur ce globe et si éloignés du reste du monde, que tout nous paraît immobile et immuable.

« Cependant, la nuit répand ses voiles, les étoiles s'allument au fond des cieux, l'étoile du soir resplendit à l'occident, la lune verse dans l'atmosphère sa lumineuse rosée. Partons, élançons-nous avec la vitesse de la lumière. Dès la deuxième seconde nous passons en vue du monde lunaire qui ouvre devant nous ses cratères béants et déroule ses vallées alpestres et sauvages. Ne nous arrêtons pas. — Le soleil reparaît et nous permet de jeter un dernier coup d'œil à la Terre illuminée, petit globe penché qui tombe en se rapetissant dans la nuit infinie.

« Vénus approche, terre nouvelle, égale à la nôtre, peuplée d'êtres en mouvement rapide et passionné. Ne nous arrêtons pas. — Nous passons assez près du Soleil pour reconnaître ses explosions formidables ; mais nous continuons notre essor. — Voici Mars, avec ses méditerranées aux mille découpures, ses golfes, ses rivages, ses grands fleuves, ses nations, ses villes bizarres, ses populations actives et affairées. Le temps nous presse ; pas de halte. — Colosse énorme, Jupiter approche. Mille terres ne le vaudraient pas. Quelle rapidité dans ses jours ! quels tumultes à sa surface ! quelles tempêtes, quels volcans, quels ouragans sous son atmosphère immense, quels animaux étranges dans ses eaux ! L'humanité n'y paraît pas encore. Volons, volons toujours. Ce monde aussi rapide que Jupiter, couronné d'une étrange auréole, c'est la planète fantastique de Saturne, autour de laquelle courent huit globes aux phases variées ; fantastiques aussi nous apparaissent les êtres qui l'habitent. Suivons notre céleste essor. — Uranus, Neptune, sont les derniers mondes connus que nous rencontrions sur notre passage. Mais volons, volons toujours !

« Pâle, échevelée, lente, fatiguée, glisse devant nous la comète égarée dans la nuit de son aphélie ; mais nous distinguons toujours le Soleil comme une étoile immense brillant au milieu de la population du ciel. — Avec la vitesse constante de 75,000 lieues par seconde, quatre heures avaient suffi pour nous transporter à la distance de Neptune ; mais il y a déjà plusieurs jours que nous volons à travers les aphélies cométaires, et pendant plusieurs semaines, plusieurs mois, nous continuons à traverser les solitudes dont la famille solaire est environnée, n'y rencontrant que les comètes qui voyagent d'un système à l'autre, les étoiles filantes, les météorites, débris de mondes en ruines rayés du livre de vie. Volons, volons encore — pendant trois ans et six mois ! — avant d'atteindre le *soleil* le *plus proche*, fournaise grandissante, double soleil, gravitant en cadence et versant autour de lui dans l'espace une lumière et une chaleur plus intenses que celles de notre propre Soleil. Mais ne nous arrêtons pas :

« Continuons pendant dix ans, vingt ans, cent ans, mille ans, ce même voyage avec la même vitesse de 75,000 lieues par chaque seconde ! Oui, pendant mille années, sans arrêt ni trêve, traversons, examinons au passage ces multiples systèmes, ces nouveaux *soleils* de toutes grandeurs, foyers féconds et puissants, astres dont la lumière s'allume et s'éteint, ces innombrables familles de *planètes*, variées, multipliées, terres lointaines peuplées d'êtres inconnaissables de toutes formes et de toutes natures, ces *satellites* multicolores, et tous ces paysages célestes inattendus ; observons ces nations sidérales ; saluons leurs travaux, leurs œuvres, leur histoire ; devinons leurs mœurs, leurs passions, leurs idées, mais ne nous arrêtons pas !

« Voici mille autres années qui se présentent pour continuer notre voyage en ligne droite ; acceptons-les, occupons-les, traversons tous ces amas de soleils, ces univers lointains, ces nébuleuses qui flamboient, cette voie lactée qui se déchire en lambeaux, ces genèses formidables qui se succèdent à travers l'immensité toujours béante ; ne soyons pas surpris si des soleils qui s'approchent ou des étoiles lointaines pleuvent devant nous, larmes de feu tombant dans l'abîme éternel ; assistons à l'effondrement des globes, à la ruine des terres caduques, à la naissance des nouveaux mondes ; suivons la chute des systèmes vers les constellations qui les appellent ; mais ne nous arrêtons pas !

« Encore mille ans, encore dix mille ans, encore cent mille ans de cet essor, sans ralentissement, sans vertige, toujours en ligne droite, toujours avec la même vitesse de 75,000 lieues par chaque seconde. Concevons que nous voguions ainsi pendant un million d'années ... Sommes-nous aux confins de l'univers visible ?

« Voici des immensités noires qu'il faut franchir... — Mais là-bas de nouvelles étoiles s'allument au fond de cieux...

« Elançons-nous vers elles, atteignons-les. Nouveau million d'années, nouvelles révélations, nouvelles splendeurs étoilées, nouveaux univers, nouveaux mondes, nouvelles terres, nouvelles humanités !... Eh quoi ! jamais de fin ! jamais d'horizon fermé ? jamais de voûte ? jamais de ciel qui nous arrête ? toujours l'espace ! toujours le vide ! où donc sommes-nous ? quel chemin avons-nous parcouru ?... Nous sommes... *au vestibule de l'infini* !... nous n'avons pas avancé *d'un seul pas* ! nous sommes toujours au même point ! Le centre est partout, la circonférence nulle part... Oui, voilà, ouvert devant nous, l'infini, dont l'étude n'est pas commencée... Nous n'avons rien vu, nous reculons d'épouvante, nous tombons anéantis, incapables de poursuivre une carrière inutile... Eh ! nous pouvons tomber, tomber en ligne droite dans l'abîme béant, tomber toujours, *pendant l'éternité entière* : jamais, jamais nous n'atteindrons le fond, pas plus que nous n'avons atteint la cime ; que dis-je ? jamais nous n'en approcherons. Ni ciel, ni enfer ; ni orient, ni occident; ni haut, ni bas; ni gauche, ni droite. En quelque direction que nous considérions l'univers, il est INFINI DANS TOUS LES SENS. Dans cet infini, les associations de soleils et de mondes qui constituent notre univers visible ne forment qu'une île du grand archipel, et, dans l'éternité de la durée, la vie de notre humanité si fière, avec toute son histoire religieuse et politique, la vie de notre planète toute entière n'est que le songe d'un instant !... »

XXXII

UNE SÉANCE DE CRÉMATION

A Société florentine de crémation mutuelle (*Mutuale Incremazione di Firenze*), au capital non souscrit de 150,000 lires, *limited*, a pour président fondateur « l'éminentissime » chevalier Pippi, médecin des hôpitaux, que de nombreux travaux sur la combustion industrielle des cadavres, et le merveilleux fourneau breveté qui porte son nom, ont rendu célèbre dans tous les mondes. Le conseil municipal de Paris et l'académie de Bab-el-Mandeb sont les seuls corps savants de l'univers où n'aient pas encore pénétré la renommée du signor Pippi et les incroyables métamorphoses qu'il fait subir à l'humaine carcasse.

D'après l'art. 7 des statuts, chaque membre de ladite société lègue sa dépouille au fourneau Pippi, lequel parachève en cinquante-six minutes l'incinération totale du défunt, et transforme en une série de produits manufacturés ces éléments divers. Les bénéfices résultant de cette distillation sont partagés, au prorata du poids de chacun, entre les actionnaires de la *Mutuale Incremazione*, ce qui revient à dire qu'un membre pesant deux cents livres a droit à une répartition plus large que celui qui n'en accuse que cent cinquante, et ainsi de suite. Chose parfaitement équitable d'ailleurs, car le sociétaire gras, assurant à ses collègues, par sa propre calcination, un rendement supérieur à celui de l'associé maigre, doit jouir, sa vie durant, d'un dividende proportionné à sa masse.

*
* *

Fondée en juillet 1880, la funèbre compagnie n'avait jusqu'à ce jour soumis à l'action du fourneau Pippi aucun de ses vénérables obligataires, et, seuls, de vulgaires sujets d'amphithéâtre avaient rôti dans l'appareil lorsque, il y a un mois, la signora Cazzadoro, dame patronnesse de la *Mutuale Incremazione* (limited), et belle-mère du docteur Pippi, vint à mourir d'une constipation féroce, que la revalescière elle-même n'eût pu résoudre. Le four crémateur tenait donc un sujet digne de lui, la société allait enfin toucher son premier coupon de dividendes!

Cette grande nouvelle fit le tour des cercles scientifiques, les journaux de finance l'imprimèrent en corps 12, et, quarante-huit heures après le décès dûment constaté de l'excellente dame, l'avis de convocation suivant fut adressé à MM. les porteurs de titres de la compagnie :

Une assemblée générale des actionnaires de la *Mutuale Incremazione* (limited) aura lieu le 20 avril 1881, dans l'appareil Pippi, où sera incinéré, réduit et chimiquement décomposé le corps de défunte dame Cazzadoro, notre regrettée collègue et parente.

Vous êtes prié d'y assister.

ORDRE DU JOUR

1. Combustion spontanée du cadavre. — 2. Analyse des résidus provenant de la carbonisation. — 3. Synthèse des éléments organiques du corps. — 4. Production des matières utilisables dans l'industrie. — 5. Conférence sur la crémation.

Cette chose étonnante était signée : « Dr PIPPI, *président, gendre de la défunte.* »

*
* *

Au retour d'une excursion géologique à Ischia où j'avais étudié les effets du tremblement de terre qui a dévasté cette île charmante, je m'étais arrêté une semaine à Florence. Naturellement, j'avais été présenté au fondateur de la crémation mutuelle, mon docte confrère, et, naturellement aussi, je reçus l'étrange faire-part qu'on vient de lire. Inutile de me demander pourquoi j'assistai à l'expérience, si vous voulez bien me suivre dans la fidèle narration que j'en vais faire, — récit, d'ailleurs, que je recommande aux personnes nerveuses de sauter courageusement.

Nous étions trente, à l'heure dite, dans le salon du signor Pippi, tous actionnaires, excepté moi, de la fameuse rôtisserie, — et croyez qu'aucun d'entre nous ne songeait à offrir à l'ordonnateur de ces funérailles un fagot, de banales condoléances, — lorsqu'un chauffeur, bras nus, poitrine luisante, barbouillé de sueur et de charbon, un vrai bronze florentin, vint annoncer que le fourneau « marchait bien ». *Camina benè il forno !*

Andiamo ! répondit l'heureux gendre qui allait — sort bien rare ! — assister du même coup au triomphe de son invention et à l'anéantissement radical de sa belle-maman.

Par groupes bruyants, animés, joyeux ainsi qu'il convient à des gens qui se préparent à toucher un coupon, les invités s'engouffrèrent dans le four-mausolée, situé au fond du jardin de la villa Pippi, entre la strada d'Ognisanti et le Palazzo Vecchio. Le feu allait si bien que, dix minutes après notre entrée au tombeau-cuisine, nous dûmes, sans souci du décorum, jeter bas les habits de deuil, et comparaître en bras de chemise devant la défunte Cazzadoro. La pauvre dame, au reste, avait un air des moins sévères sous son suaire d'amiante collé aux formes...

Étendue sur la plaque du four réfractaire, au-dessus d'un appareil à rigoles que je suis obligé d'appeler lèchefrite, — car c'en était une, et des plus vastes, — la ronde et grassouillette dépouille de la belle-maman Pippi faisait songer à certain plat du dîner de Pantagruel ; malgré moi, je cherchais la broche absente, quand la cérémonie commença. Le chauffeur ouvrit, d'un geste rapide, les dix regards du brasier, dix panaches de flammes avides en jaillirent, et, soudain, le cadavre fut enveloppé de bourdonnements, de lumière et de feu.

**

L'œil collé aux hublots de glace ménagés à hauteur d'homme dans les parois du four, je vis d'abord la chevelure disparaître, pfft! dans une flambée livide. Une calotte noire et charbonneuse remplaçait déjà les lourdes tresses grisonnantes du cadavre. Mordu de toutes parts, le derme du visage, des bras et des jambes nus se couvrit de cloques énormes, bouillonnantes, qu'un jet de vapeur perçait en sifflant, et qui peu à peu se changeaient en plaques rousses, puis noires, mouchetant de rondes pustules la blancheur mate du sujet. Les doigts se crispèrent, un bras se tendit, raide, les jambes frémirent, et bientôt tout le corps tressauta sur la plaque rougie, avec d'horribles grésillements de chair qui rissole, de graisse qui fond, de peau qui pète.

En même temps, s'échappaient en crépitant par les rigoles des ruisseaux d'un épouvantable jus, qu'un système de tuyaux et de cylindres recevait, classait, distribuait selon sa densité dans des serpentins réfrigérants. De grands volets de fonte, mus par un ressort puissant, poussaient vers l'extrémité du four les gaz dégagés par cette rapide décoction, et, là, tout un jeu d'alambics les épurait, les condensait en liquides, ou les emmagasinait à l'état aériforme dans d'ingénieux gazomètres, qu'on voyait s'emplir mathématiquement.

Calme, grave, superbe d'indifférence, le docteur suivait en homme sûr de son fait les progrès de crémation, et jamais vous n'eussiez dit, à voir l'attitude des invités, qu'un cadavre humain se tordait là, sur ce gril, comme une simple mauviette, dans les apparentes angoisses d'une hideuse agonie.

L'opération durait depuis vingt minutes quand M. Pippi

fit un signe. Un coup de sifflet retentit, suivi d'un sinistre grondement. Vingt soupapes s'étaient ouvertes, et des flots d'air, poussés du sous-sol par de larges soufflets de forge, concentrèrent sur l'objet informe qui fut la signora Cazzadero les langues de flamme de la fournaise. Sous l'action de ces gigantesques chalumeaux, les panaches de feu s'aiguisèrent en dards bleuâtres, capables de fondre des kilogrammes d'acier. Convergeant à la fois vers le cadavre, ces serpents le percèrent, le tordirent, le déchirèrent en noirs lambeaux. Les tendons, raccornis et calcinés, donnaient aux membres des gestes fous, puis éclataient, avec un bruit de chanterelles. La boîte crânienne détona comme un obus. Le buste, tout à coup redressé, sembla bondir sous l'étreinte de cette torture de la matière; les bras se détachèrent du tronc, et le cadavre, réduit en une masse noire sillonnée de rouges éclairs, se fondit en miettes, se dispersa, puis disparut en poussière dans cette tourmente de feux.

Montre en main, la crémation parfaite avait été obtenue dans cinquante-sept minutes, — ce qu'il fallait démontrer.

. .

« —Voilà, mes chers collègues, dit le glorieux Pippi, sous forme de conférence, la nouvelle démonstration des avantages que j'ai promis à chacun de vous. Au lieu de pourrir, en proie aux vers, dans le sol engraissé de leurs résidus fétides, vos corps, abandonnés par l'âme immortelle, livreront à cette flamme purifiante leurs parties organiques, et l'humiliante décomposition d'une dépouille qui fut noble et belle sera épargnée à vos personnes amies.

« Ce n'est pas tout. Grâce à la chimie, science admirable, qui possède la faculté créatrice à un degré plus éminent que les autres sciences, parce qu'elle pénètre plus profondément et atteint jusqu'aux éléments naturels des êtres, vous renaîtrez, dans une synthèse féconde, sous les espèces variées de produits utiles à l'industrie universelle. Purifiés par mes appareils, les gaz que retiennent vos tissus fourniront aux lampes dont vous admirez ici les modèles une lumière agréable et sympathique à nous tous, parce qu'elle sera la suprême et tangible émanation de vos esprits vitaux. Traités par certains acides, les corps gras recueillis par mes condenseurs se transformeront tour à tour en savons parfumés, en benzines précieuses, en goudrons médicamentaux, en onctueuse margarine, en bougies diaphanes, en matières colorantes d'un éclat et d'une richesse incomparables.

« Les principes fixes, tels que la fibrine qui constitue vos organes, les matières sucrées et albumineuses qui les baignent, se convertiront en liqueurs délicates, en essences pénétrantes, en cosmétiques recherchés, en baumes ou en toxiques dont la thérapeutique nouvelle tirera honneur et profit. Laissez moi vous répéter en passant qu'un sujet de 60 kilogrammes renferme 45 kilogrammes de matières assimilables sous une forme nouvelle et par conséquent productives. Ainsi se répandront les bienfaits dont chaque conquête de la chimie dote la grande famille humaine.

« Ainsi ressusciterez-vous, avant l'incarnation suprême, dans un monde de substances qu'il sera doux et consolant de mettre en œuvre, étant données leur noble origine et les bénéfices dont elles seront la source. »

Le lendemain de cette mémorable séance, le coupon d'une lire 25 centesimi était payé aux actionnaires de la *Mutuale Incremazione*, et je traçais sur mon carnet de voyage ces lignes rapides, que je dédie aux partisans de la crémation.

XXXIII

LES TREMBLEMENTS DE TERRE

L'HOMME s'est installé sur la Terre, son immense domaine, comme s'il devait l'habiter éternellement. Qui croirait, à voir l'importance qu'il donne à ses moindres ouvrages, l'orgueilleuse solidité dont il les entoure, que cet infatigable bâtisseur est la fragilité même, et que rien de lui ne subsiste lorsque se réalise la terrible prophétie de l'Ecriture : « Dieu regarde la Terre et elle tremble ; il touche les collines et elles fument. » (*Ps.* CIV, 32).

Il suffit en effet d'une de ces commotions géologiques dont l'histoire de notre planète est remplie, pour anéantir jusqu'au souvenir des empires, des glorieuses dynasties, et des cités qu'elles ont fondées. Que reste-t-il de l'homme préhistorique, de ses guerres, de ses conquêtes, de sa pensée, sinon quelques débris de silex sur l'origine desquels tant de docteurs sont divisés, et de rares hiéroglyphes, grossièrement tracés à la pointe d'un caillou, qu'aucun Champollion ne déchiffrera jamais ?

Dans ces cataclysmes que la Nature oppose si fréquemment, comme une affirmation de sa puissance souveraine, aux vains établissements des hommes, ce ne sont pas seulement le palais et la chaumière qui disparaissent de la surface du sol; le sol lui-même est bouleversé, sa configuration géographique se modifie, une mer remplace souvent des vallées tranquilles, des îles surgissent du sein des flots, et de hautes cimes s'élèvent là où s'étendaient naguère de vastes plaines, couvertes de riches pâturages et de troupeaux bondissants.

Ainsi viennent de succomber, au milieu d'une des plus épouvantables révolutions que l'histoire ait enregistrées, les florissantes villes d'Agram, en Croatie, et de Chio, ce paradis de l'archipel, où naquit Homère, le divin aède.

C'est dans cette dernière île que le phénomène a été le plus violent. Il a duré avec plus ou moins d'intensité, du 4 au 14 avril; dix-mille personnes ont péri; le pays a changé d'aspect. La citadelle dont notre dessin représente la pointe nord au moment des premières secousses, a disparu; les églises ont été rasées; le palais du gouverneur, la plupart des édifices publics ont été démolis de fond en comble. Aujourd'hui, de mornes déserts jonchés de ruines, des précipices béants, un chaos sans nom remplacent les bourgades populeuses, et ces campagnes aimées du soleil que l'humanité naissante remplit du fracas de ses luttes héroïques.

Dix jours! Essayez de concevoir cette agonie qui, tout à coup, s'empare d'une contrée, et, de minute en minute, au milieu de convulsions formidables, pendant dix jours, ouvre çà et là des tombes sans fond sous les pieds d'un peuple affolé! Tout fuit. Les animaux, frappés de cette stupeur étrange dont parle Pline le naturaliste, emplissent les airs de cris inconnus; les crocodiles, jusqu'alors muets, courent en mugissant vers les grand bois; les serpents envahissent les demeures des hommes; les chevaux et les bœufs, emportés par la terreur, sillonnent la plaine ébranlée; d'horribles craquements font vibrer l'écorce terrestre; des crevasses déchirent le flanc des collines, qui s'effondrent; et parmi la poussière, les fumées aveuglantes, les détonations, le chaos de toutes les forces destructives, des familles entières tordent leurs bras et meurent, en implorant le ciel, impassible dans sa sérénité !...

.·.

Rien n'égale l'horreur d'un pareil tableau ; nul fléau ne saurait égaler en effrayante majesté ces bouleversements de la terre, qui s'étendent quelquefois — comme au Chili, en 1822, — sur plusieurs centaines de lieues.

Tout autre désastre, en effet, s'annonce par des signes précurseurs. La crue des fleuves menace, longtemps avant de les briser, les digues qui retiennent leurs ondes captives ; une coulée de lave s'avance avec lenteur ; l'ouragan lui-même est précédé de perturbations atmosphériques. Mais les secousses du sol surviennent brusquement, et c'est le plus souvent par un beau soleil, dans le calme absolu des éléments, que les cités sont détruites et leurs habitants écrasés.

D'après M. Reclus, le tremblement de terre de San-Salvador, qui fit en 1854 plusieurs milliers de victimes, dura six secondes à peine.

Les catastrophes géologiques qui dévastèrent la Calabre, en 1783, et où plus de cent mille personnes trouvèrent la mort, durèrent une minute et demie.

Cinq minutes suffirent lors du tremblement de terre de Lisbonne, en 1755, qui ébranla quarante milliers de kilomètres carrés, c'est-à-dire la douzième partie de l'écorce terrestre.

S'il faut en croire les chroniques japonaises, un cataclysme qui dépeupla l'archipel, il y a vingt cinq siècles, « survint à la fin de la troisième heure, et finit avant le commencement de la quatrième. »

.·.

En 526, plus de 200,000 victimes périrent dans le tremblement de terre qui ravagea Antioche et les villes du voisinage.

L'an 1693, à peu près la moitié des habitants de la Sicile fut anéantie dans un ébranlement du sol.

En juillet 1794, une secousse formidable se fit sentir sur toute la côte chilienne, jusqu'à 370 milles en mer, et sur un espace de 50,000 lieues carrées.

Vingt-huit ans plus tard, le même pays subit un désastre qui éleva la côte de près de trente mètres, d'un bout à l'autre de la république.

La ville de Mendoza fut détruite par le tremblement de terre de 1821, l'un des plus navrants désastres dont l'histoire fasse mention.

Dans la Colombie, l'éruption de boue du Tunguragua et le cataclysme de Rio-Bamba, décrits par Humboldt, causèrent la mort de quarante mille Indiens.

A Tauris, cette même ville que le tremblement de terre de 1879 a dévastée en partie, un nombre incalculable de créatures périrent l'an 1721, englouties ou brûlées dans les ardents abîmes qui s'ouvraient à chaque instant sous leurs pas.

Aujourd'hui c'est Agram, Bosna-Seraï et la riche et fertile Chio, le paradis de la Grèce, citées naguère florissantes, tout à coup changées en vastes nécropoles !

Telle est, notée rapidement et à grands traits, l'histoire des bouleversements célèbres, histoire, au reste, qui n'est connue d'une manière exacte que depuis un petit nombre de siècles, et pour une faible partie de la surface du globe.

La science humaine s'arrête à cette sorte de procès-verbal, à cette nomenclature des faits accomplis. Pour les expliquer, elle n'a que des hypothèses ; et je dois à la vérité de reconnaître que la meilleure n'est pas la plus récente, mais bien celle qu'émettaient, il y a deux mille ans, Lucrèce et les philosophes grecs.

« L'intérieur du globe est rempli, disent-ils, de cavernes, de lacs, de précipices, de rochers et d'un grand nombre de fleuves intérieurs dont les flots impétueux emportent et

Vue de la citadelle de Chio pendant le tremblement de terre.

roulent des blocs submergés. Les tremblements de la croûte solide sont occasionnés par l'écroulement d'énormes cavernes que le temps vient à bout de démolir. Ce sont des montagnes entières qui s'effondrent, et dont la secousse violente et soudaine doit se propager au loin par de terribles vibrations. Il peut arriver aussi qu'une masse prodigieuse de terre tombe de vétusté dans un grand lac souterrain, et que le globe vacille par une suite d'ondulations. De même, à la surface du sol, un vase plein d'une onde agitée ne peut reprendre son équilibre tant que l'eau contenue n'a pas trouvé son niveau. »

Dans une foule de cas, cette théorie est bien certainement la vraie. Ce qui tendrait à le prouver, c'est que les idées de Lucrèce ont été reprises scientifiquement de nos jours par Boussingault, Virlet, Otto Volger et d'autres géologues illustres. Il est bien évident, en effet, que les tremblements de terre, dans les pays plats non volcaniques, ne sont pas occasionnés par les secousses de la grande mer brûlante; et la théorie du feu central ne saurait être invoquée pour expliquer les éruptions boueuses et froides qui accompagnent quelques-unes de ces vibrations souterraines.

Ici se place, — et c'est par là que je termine — la seconde hypothèse des géologues modernes.

D'après Humboldt, la marée de laves qui bouillonne dans les entrailles du globe, cherchant une issue pour les gaz qu'elle dégage, secouerait à intervalles irréguliers la croûte qui l'emprisonne. Les tremblements de terre, en un mot, seraient une réaction du noyau liquide contre l'enveloppe extérieure.

Parmi les exemples que cite l'illustre savant, je choisis celui-ci, qui me paraît saisissant: « Après avoir vomi pendant trois mois une haute colonne de fumée, le volcan de Pasto cessa de lancer des vapeurs au moment précis où, à 400 kilomètres de là, le tremblement de terre de Rio-Bamba faisait mourir de trente mille à quarante mille Indiens. »

Ce cratère se comportait donc comme une véritable « soupape de sûreté. » Lorsque sa gueule, obstruée par les laves refroidies, empêcha les gaz de se faire jour, de terribles secousses se produisirent. Toutes les convulsions terrestres n'auraient pas d'autre cause.

Je reconnais que cette doctrine est parfaitement acceptable. Mais celle de Lucrèce ne l'est pas moins. Deux écoles, d'ailleurs, — celle des *plutoniens*, qui croient au feu central, et celle des *neptuniens* qui le nient, n'admettant que l'action de l'eau, — luttent avec un égal talent pour l'une et l'autre de ces théories. De quel côté se trouve la vérité ? En de telles matières, le devoir du chroniqueur scientifique n'est pas de trancher le débat, mais bien d'exposer, de décrire, de raconter, laissant intactes toutes les opinions.

XXXIV

L'EMPOISONNEMENT PUBLIC

Car, de même qu'il y a une ivresse publique, il existe un empoisonnement public, et celui-ci fait plus de victimes que celle-là. Il est public, comme la fortune, la prospérité, l'instruction, la justice, les libertés sont publiques; mais il a sur elles et sur l'ivresse, sa sœur, cet avantage que nul n'échappe à sa loi. Il est souverain, et il est charmant; il revêt mille formes séduisantes, il se cache sous des fleurs, il s'enveloppe de dorures et de parfums; il dort au sein des plus gourmandes choses. C'est là qu'il nous attend, vous, moi, tout le monde. Et il nous atteint à son heure, sûrement, sans imprimer, comme l'ivresse, un stigmate dégradant ou grotesque au front, sans compromettre la sécurité de ceux qui le répandent.

La science moderne, sa mère inconsciente, l'a pourvu de tout un arsenal d'armes subtiles, qu'elle seule peut découvrir et combattre. Mais, pour un coupable dont elle révèle l'infamie, combien de malheureux ont vu par elle s'épuiser leurs forces, mollir leur courage, et venir, avant le temps, la décrépitude sénile qui mène au tombeau!

J'assistais, tout récemment, à l'inauguration officielle du laboratoire municipal de chimie, — création qui rachète, à mes yeux, bien des fautes de l'édilité parisienne. Des ministres, des docteurs, des magistrats, des écrivains étaient là ; devant ces hommes de savoir, M. Ch. Girard a fait défiler les principales fraudes introduites dans l'alimentation par une armée de « négociants » plus dignes, certes, du titre d'empoisonneurs ; il a expliqué les fonctions de cent appareils, ingénieux autant qu'infaillibles, par lesquels sont déshabillées, disséquées, décomposées atomiquement les substances indispensables à la vie ; et dans chacune de ces substances il a montré le poison lent, la mort sûre.

Avec un étonnement mêlé de stupeur, les assistants ont appris que chaque jour, dans la nourriture en apparence la plus naturelle, dans le pain, dans le vin, dans le lait, on peut absorber le toxique qui éteint la flamme vitale, use la santé, alanguit les muscles, énerve le cerveau, corrompt le sang ! — C'était bien la peine, ô France, de couvrir ton sol fécond de pampres verts et de moissons dorées, d'engraisser les mamelles d'innombrables génisses, et de prodiguer à torrents le jus de septembre, pour que tes fils ne fussent destinés qu'à boire des solutions de fuchsine, des laits de plâtre ou à se repaître d'une lourde farine de marbre blanc !

Oui, vous avez bien lu ; tout cela existe, se vend dans des boutiques étincelantes. Ce n'est pas seulement sur l'étain bossué des assommoirs de barrière, sur le comptoir poudreux et gras des boulangeries et des crêmeries de faubourg que se débitent ces choses. C'est en plein boulevard, au milieu de l'élégant Paris, derrière de superbes vitrines, que l'empoisonnement public trône et s'enrichit. Il y a des étiquettes dorées, des flacons estampillés à triple cachet, des marques de fabrique protégées par la loi, des vases de formes spéciales, — à l'abri de la contrefaçon, — pour garantir au consommateur l'authenticité de ces drogues. Il existe des fortunes inattaquables, des renommées commerciales quasiséculaires, une honorabilité sans alliage dont la source et la durée ne proviennent que du monopole de certains poisons. — Rassurez-vous, messieurs, je saurai retenir ma plume prête à mettre des noms ou tout au moins des initiales sur ces hontes...

.·.

Ecoutez maintenant la froide et sévère analyse, telle que la fournissent, au jour le jour, les appareils de MM. A. Chevalier et Ch. Girard, chimistes de profonde expérience et d'autorité sans conteste.

Sur 123 échantillons de vins apportés par le public au laboratoire municipal, TROIS étaient bons. C'est-à-dire que les 120 autres étaient, sinon dangereux, du moins incapables de réparer les forces et de verser dans les veines cette chaleur dont la machine humaine a besoin comme la lampe de son huile. *Trois* cidres étaient mauvais sur TROIS; *quinze* laits sur VINGT; *dix* chocolats sur QUINZE; *quatre* poivres sur SIX; *douze* vinaigres sur DOUZE; *sept* bières sur DIX!

Et savez-vous ce que renferment ces produits chimiques que deux millions de Parisiens absorbent sous le nom d'aliments, qu'ils achètent à chers deniers, et auxquels ils demandent de la chair, du sang et des muscles?

Dans le lait, l'indiscrète analyse a trouvé de l'amidon, de la dextrine, de la gomme adragante, de la colle de poisson; certains échantillons, où n'entrait pas une *goutte de lait*, étaient fabriqués de toutes pièces avec le sérum du sang, des cervelles d'animaux, des émulsions de chènevis et autres graines oléagineuses.

Le beurre contenait du suif de veau, de la craie, du carbonate et de l'acétate de plomb. Certains fromages empruntaient à *l'urine* les qualités recherchées des connaisseurs; pour éloigner des autres les insectes qui les attaquent si souvent, le marchand n'avait pas craint de les arroser d'eau arsénieuse ou de *mort-aux-mouches* !

Dans la bière, l'orge et le houblon étaient remplacés par des décoctions de substances végétales amères, telles que lichen, sciure de buis, feuilles de ménianthe, têtes de pavots, bois de gaïac, jusquiame, belladone, coque du Levant, *noix vomique*, fèves de saint Ignace et coloquinte, — poisons variés, mais infaillibles.

Le café, cet excitant par excellence, était fait de terre rouge, de bois d'acajou, de foie de cheval cuit au four ; le tout aromatisé par du marc de café véritable, mais épuisé, rebut des limonadiers qui n'ont pas encore élevé la chicorée à la hauteur d'un principe.

Cette chicorée elle-même — ô comble de la falsification ! — devenait entre les mains de fabricants sans pudeur un composé de brique rouge pulvérisée, de sable fin, d'ocre, de figues pourries et torréfiées, de noir animal !

Sous le nom de chocolat, on a vendu 4 francs le kilogramme, un mélange d'argiles ocreuses, de pain grillé en poudre, de bois râpé et de cacao avariés ; la cassonnade y tenait la place du sucre ; et voilà le plus réparateur des aliments changé en une bouillie inerte, indigeste, sinon dangereuse. Quant aux feuilles d'étain qui enveloppaient ces affreuses tablettes, elles contenaient 75 0/0 de plomb !

Le poivre — balayure de toutes les poussières d'une épicerie qui se respecte — n'était pas seulement sophistiqué par ces résidus divers ; les grains eux-mêmes devaient aux graines de navettes, enrobées d'une pâte grisâtre, — l'aspect globuleux et ridé qui est comme la garantie de leur origine exotique. Cela s'appelle, je crois, *poivre de Lyon*, en argot d'épicier, et l'analyse y a découvert « toute espèce de choses ».

Pour le vinaigre, aux falsifications innombrables, on a trouvé des solutions d'acides chlorhydrique, sulfurique, nitrique, tartrique, oxalique, — corrodants qui rongent les métaux et dessèchent, à plus forte raison, les muqueuses stomacales. Un véritable empoisonnement par le vitriol.

Parlerai-je du vin, dont un volume ne suffirait pas à énumérer les adultérations et les fraudes ? Litharge, tannin, plâtre, craie, alun, carbonate de potasse et de soude, matières colorantes empruntées à la houille ou à des débris organiques dont le nom seul soulève le cœur ; tout cela se coudoie, se mêle, se combine fraternellement dans la divine liqueur des treilles, avec laquelle ce produit n'a plus aucun rapport, même éloigné.

Raconterai-je les fraudes pratiquées en grand sur les céréales et les farines? Ici, l'art a surpassé la nature. Grâce à des manipulations savantes, à un trempage qui double leur volume, les haricots fossiles se métamorphosent en beaux grains rebondis; mais, au bout de quelques jours, la fermentation arrive, et cet aliment du peuple acquiert par elle un principe délétère dont la santé se ressentira long-temps. Les pois gris, bouillis dans une infusion de *vert-de-gris* et d'*urine*, deviennent pois de primeur et sont vendus comme tels. Dans certaines boutiques de conserves alimen-taires, où s'alignent symétriquement sur des rayons de chêne poli des boîtes coquettes et des flacons attirants, il y a des décagrammes de poisons mortels!

.·.

Mais j'abrège cette douloureuse nomenclature.

Les opérations du laboratoire municipal de chimie, ont donné l'éveil des dangers que nous courons tous. C'est au public maintenant de secouer sa vieille et coupable indiffé-rence, et de faire appel aux lumières des analystes patentés, derrière lesquels il y a la justice, la répression pour tant de délits, pour tant de crimes peut-être, jusqu'à ce jour igno-rés, impunis et triomphants.

« L'épicier qui vole un consommateur, a dit Alphonse Karr, est condamné à l'amende ou à une prison de quelques heures; le consommateur qui volerait un épicier serait puni des galères.

« L'épicier qui empoisonne un client est condamné à l'a-mende; le client qui empoisonnerait un épicier serait infail-liblement guillotiné. »

Espérons que le laboratoire municipal et public de chimie nous aidera à renverser les termes de cet aphorisme.

XXXV

LE " DAILY PHONOGRAPH "

—

J'ASSISTAIS, naguère, chez une grande artiste dont la taille, la voix et les talents ont été chantés sur tous les syrinx et tous les tubæ de la réclame, à l'audition d'un « journal » qui n'est point imprimé, ne se lit pas, mais raconte tout seul, automatiquement, sa chronique, ses échos, ses faits divers et son feuilleton.

De mon fauteuil, — avenue de Villiers, — j'ai entendu sans fatigue le *leading article* de cette étrange feuille, débité par l'organe véritable de son rédacteur, qui est à New-York ; j'ai pris part aux débats de la Chambre des représentants américains ; j'ai religieusement écouté, sans en perdre une syllabe, le message du président Arthur, — lequel Arthur a toussé et s'est mouché trois fois au cours de son speech ; j'ai frémi à l'interrogatoire de Sam Joë, qui a décapité sa femme avec deux de ses filles, et que vient de condamner à mort la haute cour de justice de Jersey ; j'ai nettement distingué la voix sourde de ce monstre répondant : *I was jealous!* aux questions du magistrat. Et les murmures d'horreur de la foule, et les « silence! » du greffier, et les bruits divers de l'auditoire ont été perçus par mon oreille étonnée.

Passant à une autre rubrique, une légion de petits reporters m'a narré sur différents tons, avec l'accent propre à chacun des conteurs, l'incendie, le grave accident, la faillite célèbre, le viol inouï, tous les menus faits de la journée new-yorkaise. Un Lapommeraye de là-bas m'a dit ensuite son feuilleton, émaillé des réclames traditionnelles, et la séance s'est terminée par une répétition générale de *Sarah*, tragi-comédie mêlée de couplets, avec intermèdes de gifles et de coups de pied au derrière, où j'ai eu le plaisir d'entendre la grande artiste faisant ses adieux au grand peuple, disant : « Merci ! » et « vive la France ! » de sa voix d'or, tandis que l'orchestre massacrait la *Marseillaise*. Notez que, pendant cette exécution, la frêle et courageuse tragédienne était là, devant moi, qu'elle soulignait de *bravo* ! et de *parfait* ! ce vivant compte-rendu, et que nulle dissonnance ne se pouvait distinguer entre l'organe de la divine Sarah et celui de son sosie fidèle, le journal américain.

Voici le mot de ce rébus :

M. William Liners, de New-York, qui est en même temps un électricien, un lettré et un homme d'esprit, a eu l'idée d'appliquer à la diffusion des nouvelles l'admirable joujou d'Édison, le Phonographe.

Son perfectionnement consiste dans la multiplication galvanoplastique des feuilles d'étain qui, dans l'appareil bien connu, reçoivent les impressions sonores. Ces feuilles, clichées en cuivre et reproduites à l'infini, peuvent répéter à satiété les phrases jetées dans l'entonnoir du phonographe. Une presse rapide les tire à des milliers d'exemplaires, qui sont mis en vente le même soir ou adressés par la poste aux abonnés du *Daily*. Au lieu de mauvais papier noirci, le facteur distribue à domicile un paquet de feuilles métalliques, minces et résistantes, dont la surface est couverte de zigzags que le poinçon du phonographe, obéissant aux modulations de la voix humaine, a tracés symétriquement de gauche à droite.

Or, voici ce qui advient. Dès la réception du paquet, votre

domestique adapte, par une disposition fort simple, les feuilles de métal au cylindre d'un phonographe-bijou, qui est remis en même temps que sa quittance à tout abonné du *Daily*. Ledit larbin monte un mouvement d'horlogerie et porte l'instrument dans votre chambre. A votre réveil, vous pressez un bouton, le cylindre entre en mouvement, et débite à haute et intelligible voix le contenu de ce merveilleux journal, sans vous faire grâce d'un enrouement, d'une quinte, d'un défaut de langue ou d'un lapsus. C'est la voix humaine photographiée, clichée en bronze, éternisée, et rien ne s'oppose à ce que vous fassiez relier en veau, avec marges non rognées, gardes de moire et fers spéciaux, l'organe tonitruant de M. Arago ou le filet aigre-doux de Moussu Baragnon.

Les bureaux de rédaction du *Daily Phonograph* sont situés au numéro 138 de New-School-Street. Là, se trouve le phonographe central, dans lequel *on parle* le journal-type. Exemples :

En quittant la salle du Congrès, le député speaker y vient redire son discours, absolument comme nos honorables vont corriger leurs épreuves à l'imprimerie de l'*Officiel*. Le rédacteur en chef scande son article de fonds; le chroniqueur en vogue clame, murmure ou vocifère sa tartine; le secrétaire de la rédaction débite ses petits entrefilets; le poëte chevelu susurre sa machinette rimée; le préposé aux échos place ses mots de la fin. Tout cela méthodiquement, sous l'œil du metteur en pages qui mesure les phrases d'après le format des feuilles d'étain, et du caissier qui fait le compte de chacun, à raison d'un dollar la période. Vient ensuite le romancier, avec son bagage de sombres ou galantes aventures, payées à l'heure ou au yard, suivant talent.

Puis les reporters, essoufflés, poudreux, accourus ventre à terre des quatre coins de la ville, riches de nouvelles à sensation, de passants écrasés, de femmes surprises, de chiens hydrophobes, de vols inédits, de meurtres variés et mystérieux. Ceux-ci cèdent la place au critique dramatique, homme aimable et divers, qui possède comme personne le

talent de reproduire les scènes applaudies, d'imiter le débit
des acteurs à la mode, et qui chante à miracle les couplets
d'une chansonnette à succès. Arrive enfin le chef annoncier,
sorte de bonimenteur taillé sur le patron de M. *Lisez le som-
maire! ne partez pas sans le lire!* lequel expectore à tue-tête
les réclames commerciales, les offres et demandes, la petite
correspondance galante, les avis de naissance et les faillites.

Le journal fini, les clicheurs s'emparent des feuilles
d'étain toutes chaudes de l'haleine des speakers. Empreinte
est prise, on coule, on tire et voilà l'oracle prêt à parler,
aussi bien dans une heure que dans cent ans, avec la voix
originale de l'auteur, qu'il soit éloquent ou diffus, verbeux
ou concis, Marseillais, Auvergnat ou bègue !

Le *Daily Phonograph* — M. Villiam Liners, *proprietor
and manager* — est une magnifique affaire au point de vue
financier. Des capitalistes de Broadway ont mis un million
de dollars à la disposition de son directeur, et dans le courant du mois dernier, l'administration de New-School-
Street a distribué gratis 10,000 phonographes d'égales
dimensions à autant de personnes qui ont payé leur abonne-
ment d'un an. On prévoit un dédoublement prochain des
actions, qui rapportent déjà 36 0/0 et sont à peu près in-
trouvables au stock Exchange de New-York.

Il va de soi que la grande Sarah est abonnée,
actionnaire peut-être ; que chaque packet lui apporte sa
petite liasse de feuilles métalliques, et qu'à ses moments
perdus, entre intimes, elle aime à dévider la bobine de ces
bavardages charmants, échos enthousiastes d'un peuple dont
elle a su faire vibrer les cordes vives, et qui l'a couverte, en
retour, de festons, de couronnes et de banknotes.

C'est ainsi que j'ai appris l'existence du *Daily Phonograph*
(25 dollars par an), journal perroquet, publié sans caractères ni papier, tiré par la pile, imprimé sur cuivre, parlant,
chantant, récitant ; et, qu'au risque de blesser la modestie de
l'artiste sublime, j'ai commis une indiscrétion dont tous les
amis de la science, j'espère, me sauront gré.

XXXVI

LES FOSSILES

—

Vᴵᴿɢɪʟᴇ prévoyait-il les découvertes de grands animaux antédiluviens lorsqu'il peignait, dans ce vers magnifique, l'étonnement du laboureur faisant jaillir sous le soc les restes gigantesques des compagnons d'Énée :

Grandiaque effossis mirabitur ossa sepulcris...

Ou bien, dans les campagnes latines, l'immortel poète avait-il déjà rencontré ces débris d'un autre âge, ossements de mammouth et de rhinocéros, qui plus tard firent croire à l'existence d'une génération de géants ?

Ce qui n'est pas douteux, c'est que les fossiles ont été connus dès la plus haute antiquité, et que les hommes ont été frappés d'une crainte superstitieuse à l'aspect de ces vestiges d'êtres contemporains des premiers âges de notre globe ; mais, pendant des siècles, on s'est mépris sur la véritable origine de ces témoins du lent et pénible enfantement de la vie. Jusqu'à Palissy, — qui aimait à orner ses faïences de moulages empruntés aux coquilles fossiles du bassin parisien, et qui le premier émit l'opinion que c'étaient là, non point des jeux de la nature, mais des êtres ayant vécu, — les fossiles furent considérés par les savants comme de

Quatre hommes vigoureux portaient avec peine ce crâne gigantesque.

simples bizarreries, *ludi naturæ*, que les caprices de la foudre ou des eaux avaient façonnées à l'image des organismes inférieurs. La doctrine hardie du sublime artisan ne trouva pas de disciples, et deux siècles plus tard, Voltaire ignorait absolument que les fossiles, ces pierres étranges, eussent rampé sur la terre ou flotté au sein des mers; il s'amusa même aux dépens des rêveurs qui soutenaient cette thèse. Pour lui, comme pour le vulgaire, ces mystérieux objets étaient de pures fantaisies naturelles, œuvres du tonnerre — sur le compte duquel, par parenthèse, on mettait alors volontiers tant de phénomènes inexpliqués.

Avec Linné, Lamarck et Cuvier, la science des fossiles, basée sur des faits d'observation précis, invariables, devint ce que nous la voyons aujourd'hui, l'auxiliaire le plus puissant de la géologie et de l'histoire naturelle. Sans elle, on ne connaîtrait pas un traître mot de l'histoire du monde, et la genèse terrestre serait encore enveloppée des ténèbres que les Livres Saints ont répandues sur les premières phases de notre existence. Nous croirions, d'après la Bible, que six jours ont suffi pour la création universelle; nous ne saurions rien de l'évolution des espèces; nous ignorerions la plupart des lois admirables qui régissent l'ensemble des choses créées, et qui établissent entre tous les êtres, depuis l'animalcule invisible jusqu'à l'homme, une chaîne ininterrompue; les premiers pas de l'homme lui-même sur le sol vierge encore de ses travaux seraient pour nous lettre morte, et l'industrie de nos ancêtres nous apparaîtrait toujours à travers le prisme coloré des légendes homériques.

* *

Tandis que la géologie éclairait, jusque dans leurs plus sombres abîmes, les nuits chaotiques, la paléontologie (1), sa sœur, exhumait de la poussière des siècles ces *médailles* qui assignent à chaque convulsion du sol, à chaque période

_____

(1) Science des fossiles.

de sa formation, une date précise. Car les fossiles ne sont pas autre chose. De même que l'archéologie s'aide des monuments de l'épigraphie et de la numismatique pour contrôler les données de l'histoire, la paléontologie demande aux fossiles — ces médailles qui ont vécu, — le secret des métamorphoses de la matière et des époques auxquelles elles se sont manifestées.

Dans les premières pages de ce livre j'ai esquissé à grandes lignes les principaux phénomènes géologiques ; j'ai montré notre sphère sortant graduellement des profondeurs de l'infini, se condensant, se refroidissant et se couvrant peu à peu d'êtres de plus en plus parfaits, selon que les conditions de l'existence étaient plus ou moins favorables. Sans vouloir revenir sur ces notions très sommaires, — mais suffisantes dans des articles qui n'ont d'autre but que de récréer, dont l'auteur préfère les pipeaux à la simarre doctorale, et qui ont été composés sans méthode, au hasard de la fantaisie — je crois intéressant de compléter par quelques faits pittoresques, empruntés à l'étude de la paléontologie, ce récit des premiers vagissements de la Vie. Et pour me faire pardonner d'avance l'aridité de mon sujet, voici dans quelles merveilleuses circonstances fut découvert l'animal antédiluvien dont le dessin ci-contre montre les curieux débris.

Un jour, on soumit à l'examen du grand Cuvier une phalange énorme, trouvée dans les fouilles d'une carrière de sable. Cet os, dont les squelettes de mammifères connus n'offraient aucun analogue, l'illustre savant l'étudia longuement, le compara avec tous les fossiles des collections du Muséum, puis, par un prodige de déduction scientifique il reconstitua de toutes pièces la charpente osseuse à laquelle cette phalange avait appartenu.

L'être ainsi figuré différait essentiellement, non-seulement des espèces vivantes, mais de celles qui avaient disparu depuis les époques préhistoriques. C'était là, direz-vous, une hardiesse grande. Car enfin, l'animal décrit par Cuvier était sorti tout armé de son cerveau ; aucun savant ne l'avait vu, son image n'existait nulle part, et cette reconstitution, basée sur une simple phalange, pouvait n'être, en somme, qu'une fantaisie.

L'Académie des Sciences accueillit avec une incrédulité respectueuse cette conception du grand naturaliste, et je ne jurerais pas qu'*in petto* plus d'un de ses collègues ne la taxât de chimérique.

Or, à quelque temps de là, des terrassiers découvrirent aux environs de Maëstricht un squelette fossile, de proportions colossales; ses diverses pièces furent assemblées, on convoqua les savants, et que reconnurent-ils dans ce représentant d'une faune éteinte ? le propre pachyderme défini par Cuvier, avec ses lourds fémurs, son large crâne que quatre hommes vigoureux ne portaient qu'avec peine, ses défenses recourbées vers le sol, tous les détails enfin de son ossature extraordinaire ! Le fantastique animal évoqué, dans un rêve de génie, par l'illustre naturaliste, surgissait des entrailles de la terre : il était là, palpable et saisissant, sous les yeux des docteurs confondus d'admiration, tel que Cuvier l'avait deviné ; cet être qu'aucun mortel n'avait contemplé, ce contemporain des fougères gigantesques, des reptiles apocalyptiques, venait répondre à l'appel du savant, et de la pointe de ses dents à l'extrémité de sa dernière vertèbre caudale, il reproduisait, avec une étonnante exactitude, le portrait qu'en avait tracé celui qui depuis porta glorieusement le titre de: Père de la Paléontologie.

Il n'y a rien de surnaturel dans la découverte du mammouth de Cuvier; il faut n'y voir que l'heureuse solution d'un problème; et ce triomphe du calcul donne la plus haute mesure des facultés de l'esprit humain, en même temps qu'il démontre la précision, l'infaillibilité de la science.

C'est dans des circonstances analogues que Le Verrier, constatant les perturbations manifestées par le mouvement de la planète Uranus, put dire : « La cause de ces perturbations est une planète inconnue, qui gravite au-delà d'Uranus, vers telle distance, et qui doit se trouver en tel point du ciel. » On dirige une lunette vers le point indiqué, on cherche l'inconnue, et on l'y voit. Neptune était trouvé !

Voilà, dans sa simple grandeur, l'histoire de deux des plus belles conquêtes du génie d'observation.

De l'infiniment grand, abaissons maintenant nos regards jusqu'à l'infiniment petit, conservé lui aussi dans les couches profondes du sol—ces archives indestructibles de la Création... Là, de nouvelles surprises nous attendent. L'être primitif, l'organisme rudimentaire qui se mouvait, inconscient, aveugle et innombrable, au sein des éléments encore mal équilibrés, sort du tombeau tel que le grand Architecte le façonna.

C'est l'infusoire, visible à peine, mais dont les légions s'entassent dans le calcaire marin, si denses, si pressées, qu'elles forment à elles seules de hautes montagnes ; c'est la frêle graminée, que courbèrent les ouragans géologiques ; c'est la pâle fleurette, dont la corolle s'épanouit aux premières aurores du monde ; c'est l'insecte, ébauche d'une faune enfant, qui par ses bourdonnements, par ses battements d'ailes, apprit à la Terre que l'Amour était né. Toutes ces créatures apparaissent aux yeux du chercheur ; entre les feuillets d'un schiste, dans la masse compacte d'un grès ou d'un marbre, elles ressuscitent sous le choc du marteau ; et chacune d'elles a conservé les détails les plus délicats de sa structure. Le microscope en main, on peut suivre pour ainsi dire pas à pas les perfectionnements successifs de l'organe, les manifestations de la sublime Intelligence. Molécule par molécule, un élément nouveau s'est substitué à la matière qui composait leur tissus, et là où respira un être nous retrouvons une momie, fidèle et désormais inaltérable image de ce contemporain des mystérieuses époques qui suivirent le chaos !

Eh bien, tous ces vestiges d'animaux ou de plantes, retrouvés tantôt dans les profondeurs de la carrière, tantôt au sommet du pic que fouette la nue, ont leur Cuvier, qui a reconstitué leur physionomie, écrit leur histoire; qui les a distribués en classes, espèces et variétés; a assigné à chacune d'elles un habitat spécial; et, de l'ensemble de ces témoignages, du faisceau de ces documents a jailli la clarté qui inonde aujourd'hui le vaste domaine de la Paléontologie.

Mammifère, reptile, mollusque, infusoire ou arbrisseau, tout ce qui a vécu se retrouve sous l'aspect du *fossile*. La terre rend jusqu'au pistil délicat de la fleur ensevelie depuis cent mille ans dans le limon, jusqu'aux antennes déliées du moustique qui voltigea, l'insolent, sur les yeux du mégathérium ou du mastodonte. Que dis-je? l'empreinte elle-même des pas d'animaux, les taches rondes et déprimées que firent, en tombant sur le sable fin des grèves, les gouttes de pluie d'il y a mille siècles, se sont conservées nettes et frappent nos regards émerveillés! Une zoologie, une botanique fossiles ont été réédifiées d'après ces restes, et ces sciences sont si exactes, si complètes, qu'il est difficile de rencontrer, au fond des pays les plus sauvages, un débris organisé qui ne soit connu, dénommé et catalogué. Le sol que nous foulons n'est, en somme, qu'un vaste musée naturel, où l'investigation patiente du géologue va sûrement recueillir les spécimens des innombrables familles qui ont habité tour à tour l'air et les eaux, et de l'ébauche primitive jusqu'à l'homme, dernier degré de l'échelle des êtres, déroulent la longue chaîne de la création.

Quant à notre propre origine « ce mystère des mystères » la paléontologie pourra-t-elle jamais la dévoiler? Avant les premiers cycles de cette histoire, encore bien vague, que les savants ont divisée en *âge de pierre*, *âge de bronze* et *âge de fer*, où était l'homme? A-t-il spontanément fait son apparition, à l'état parfait, alors que les conditions de sol et de climat lui étaient devenues favorables? ou bien devons-nous rechercher, entre les grands singes et lui, ce lien toujours insaisissable d'une parenté qui répugne à la noblesse de nos sentiments? L'homme, enfin, est-il le dernier terme de la transmutation des espèces, est-il le dernier effort de la puissance créatrice? ou bien, englouti à son tour dans un nouveau naufrage, doit-il disparaître de la scène du monde pour laisser la place à d'autres organismes d'une essence plus épurée?

En considérant la loi du progrès qui régit le monde physique et le monde moral, certains philosophes ne craignent pas de répondre affirmativement à cette dernière question, et quelques-uns appellent même les chiffres à leur secours pour faire ressortir l'évidence de leurs assertions. Plus modeste, je me garderai d'aborder un pareil sujet. La philosophie moderne, si audacieuse pourtant, doit reculer devant un si redoutable problème; l'avenir lui échappe; il lui est actuellement permis d'envisager le problème inverse, relatif à l'origine de l'homme, d'en espérer la solution, d'entrevoir même le moment où, grâce à la paléontologie, le passé tout entier lui appartiendra. Mais l'humanité ignorera toujours sa destinée; elle ne sait pas, elle ne saura jamais où aboutit le fleuve dont elle suit le cours, mais un jour peut-être elle en découvrira la source ?...

XXXVII

L' " AMBASSA RANGA "

Il semble que la Nature, en façonnant certains animaux, ait voulu livrer à l'Homme quelques uns de ses secrets, et mettre son esprit investigateur sur la voie des problèmes qu'elle lui pose sans cesse. De loin en loin, un pan du voile se soulève, une lueur jaillit, un indice apparaît, et le chercheur, croyant tenir enfin la clé du grand mystère, s'appuie sur cette fragile base pour tenter de refaire la synthèse de la Création.

Tantôt c'est un mammifère qu'elle affuble d'un bec d'oiseau — l'ornithorynque, par exemple — comme pour marquer la transition entre ces deux grandes classes. Tantôt c'est un reptile — la grenouille — auquel elle donne, pendant son jeune âge, les branchies d'un poisson, se réservant de remplacer ces organes par des poumons normaux, lorsque le batracien sera parvenu à l'état adulte. Et les savants, ravis, de s'écrier : « Voilà la créature intermédiaire entre les poissons, qui ont des branchies, et les reptiles, qui sont pourvus de poumons. » Ou bien : « Voici le chaînon, si longtemps cherché, qui unit les mammifères aux ovipares. Ceux là sont donc un perfectionnement de ceux-ci, et l'être que nous avons sous les yeux est une sorte d'hybride qui, dans son évolution, n'ayant pas su se défaire de certains appareils propres à la classe voisine, nous révèle le secret de la transformation universelle ! »

Ainsi lancé sur le terrain glissant des hypothèses, le transformiste ne s'arrête plus. Constatant la présence, sur le squelette humain, des vertèbres coxygiennes, qui forment, à l'extrémité de la colonne médiane, cette petite queue fixe et absolument inutile dont les deux sexes sont ornés, l'infatigable raisonneur la compare à celle des singes, « nos proches parents » dit-il. Cette queue, depuis que l'homme existe, n'a pas eu le temps de se résorber ; et elle demeure comme le témoignage, l'empreinte indéniable de notre origine simiesque !

Un autre, plus hardi, établit un curieux parallèle entre les fœtus d'une tortue, d'un poulet, d'un chien et d'un homme, aux premières périodes de leur formation. A cet âge, je le reconnais, ces rudiments d'êtres sont presque identiques, et si, après les avoir mélangés, on disait au premier anatomiste venu : Cherchez le poulet ? où la tortue ? qui est l'homme ? cette devinette le laisserait furieusement perplexe. En faut-il conclure que tout homme a plus ou moins été tortue ou volatile ? Si, poussant plus loin l'analyse on découvre que l'œuf d'un goujon de huit jours est en tout pareil à celui d'un enfant d'une semaine, doit-on déclarer hautement que ce bébé — qui peut-être sera Victor Hugo ou Edison — doit rechercher ses ancêtres dans la menue blanchaille de rivière ?

— Assurément, répondent les disciples d'Hæckel. Or, comme du goujon à l'huître il n'y a qu'un tout petit pas, nos sélectionnistes à outrance s'empressent de le franchir.

Voilà le problème résolu ! En somme, tout ce qui respire, aime, souffre et meurt à la surface du globe, dérive, d'après eux, d'un germe unique et primordial. L'homme n'est qu'un singe perfectionné, lequel a pour ascendants directs ou indirects le lapin, la carpe et l'huître, toujours en remontant. N'est-ce pas que cela est limpide !

L' «Ambassa Ranga» ou poisson transparent, vu de face et de côté.

Mais je m'aperçois que je me laisse entraîner sur une pente dangereuse. N'ayant l'honneur d'appartenir à aucune école, je ne dois pas m'arroger le droit de discuter, de combattre ou de soutenir telle doctrine scientifique. J'ai promis au lecteur des Curiosités, non des polémiques ; je me suis imposé la tâche de grouper sous ses yeux des faits, sans le contraindre à pénétrer dans le mystère des causes. Je lui ai dit : « Voyez comme cela est beau, comme cette infinie Nature est féconde et merveilleuse ! » Et, tandis que nous parcourions ensemble son riche domaine, je cueillais çà et là quelques fleurs. Heureux si j'ai réussi à lui faire partager mon admiration pour tant de chefs-d'œuvre inconnus ou dédaignés ! Heureux si je lui ai communiqué le goût de les rechercher, de les étudier, de feuilleter curieusement les pages de ce sublime Livre qui est toujours là, grand ouvert, et qui abandonne si volontiers ses trésors !

Mais revenons à l'« Ambassa Ranga ».

C'est à propos de cet animal extraordinaire que j'exprimais, au début de ces lignes, l'opinion que la Nature paraît quelquefois se complaire à nous fournir de précieuses révélations sur les mécanismes qu'elle met en jeu. Le poisson qui porte ce nom sauvage est en effet d'une transparence telle, que tous ses viscères, tous ses vaisseaux, les plus menus détails de sa charpente, et jusqu'aux fibrilles circulatoires les plus délicates, se laissent découvrir au travers de la peau nue et diaphane qui l'enveloppe. Comme pour aider l'observateur, le corps de ce poisson est d'une minceur extrême. L'œil n'est arrêté, dans la contemplation de ce cristal vivant, par aucune épaisseur d'écailles ni de masse musculaire ; c'est une lame de verre qui se meut, qui palpite et qui digère. Le mucus organisé dont les profondeurs liquides sont si abondamment pourvues, et qui attend là que la lumière lui transmette la vie, semble s'être condensé en une fantastique et saisissante créature : l' « Ambassa Ranga ».

Je n'ai pas eu la bonne fortune de voir à l'état frais ce curieux poisson, qui vit dans les marais et les étangs de l'Inde. Le seul spécimen que possède le Muséum est conservé dans l'alcool et a perdu, par suite, ses propriété diaphanes ; mais une demi-translucidité persiste malgré la coction des tissus, et, tel que l'« Ambassa Ranga » se montre à nous dans son bocal, l'appareil digestif, le cœur et tout le système osseux sont encore très nettement perceptibles.

Aucun naturaliste, je crois, n'a encore étudié cet étrange poisson ; ses mœurs et son histoire nous sont inconnus. Que intéressant sujet d'observations pourtant, et de quel secours serait pour le physiologiste un couple d'« Ambassa Rangas » frétillant au milieu d'un aquarium d'eau douce, avec sa merveilleuse anatomie toute faite par l'industrieuse Nature, avec tous ses organes fonctionnant en quelque sorte entre deux glaces ! Les secrets de la respiration, de la nutrition, de la circulation, le travail intime des sécrétions et des assimilations, le jeu des muscles, le frémissement des nerfs, en un mot tous les ressorts de ce mystérieux agent qui s'appelle la vie, et que nous cherchons vainement à saisir dans l'étude du cadavre, nous seraient enfin révélés !

Je signale l'Ambassa Ranga aux explorateurs de l'avenir. La conquête et l'acclimatation de ce bizarre habitant des régions tropicales s'impose aux efforts des Coste et des Geoffroy St-Hilaire de l'extrême Orient.

www.ingramcontent.com/pod-product-compliance
Lightning Source LLC
LaVergne TN
LVHW052015060726
842528LV00002B/517